BLACK SWAN 黑天鹅图书

为 人 生 提 供 领 跑 世 界 的 力 量

BLACK SWAN

罗辑思维

我懂你的知识焦虑

罗振宇　等／著

中国友谊出版公司

图书在版编目（CIP）数据

罗辑思维：我懂你的知识焦虑 / 罗振宇等著. —北京：中国友谊出版公司，2017.2（2018.4重印）

ISBN 978-7-5057-3932-1

Ⅰ. ①罗… Ⅱ. ①罗… Ⅲ. ①成功心理—通俗读物 Ⅳ. ①B848.4-49

中国版本图书馆CIP数据核字（2016）第287471号

书名 罗辑思维：我懂你的知识焦虑
作者 罗振宇　等
出版 中国友谊出版公司
发行 中国友谊出版公司
经销 新华书店
印刷 三河市冀华印务有限公司
规格 710 × 1000 毫米　16开
21.5印张　220千字
版次 2017年2月第1版
印次 2018年4月第8次印刷
书号 ISBN 978-7-5057-3932-1
定价 42.00元
地址 北京市朝阳区西坝河南里17号楼
邮编 100028
电话 （010）64668676

目 录

第一章 知识焦虑的时代

每个人都被空间和时间这两堵大墙死死地压缩在肉身的牢笼中，唯一能够让我们越狱的就是知识。

第二章　从经济学开始升级认知

互联网时代，每个人都越来越自由，每个人都可以把自己的禀赋和优势发挥出来。这个时代唯一限制我们的是什么？是认知。

第三章 创新，升级认知的工具

只有放眼于整个人类的创造之网，独具慧眼地发现很多小创新之间的关系，然后把它连接起来，才是伟大的创新。什么是重要的革新和创造？它是一堆小革新、小创造的中间关系。

第四章　商业思维的升级

创业不是一个人上街耍大刀，它是整合周边所有的资源，包括自己团队内的资源，去构建一个全新的商业系统。创业者不是去做孤胆英雄，而是要让所有人在你的事业中都能看到自己发展的希望。

第五章 这个世界会好吗?

只做一件事，把它做好、做绝，“一针顶破天”，这才是未来个人和企业的成长方向。

第一章

知识焦虑的时代

这个时代已经不允许我们有任何思维定式，我们要改变思维模式，要改变得足够快。只有改变，才能看见未来。

01｜只有改变才能看见未来

张泉灵

楔子：我的朋友张泉灵

大名鼎鼎的央视前主持人张泉灵是我认识了很多年的朋友。我这辈子不嫉妒别人什么，我不嫉妒别人有钱有势、长得比我好看，但是我嫉妒别人成长得比我快。

张泉灵是上海人，毕业于北京大学德语系，然后去中央电视台当了一个普通的采访记者，很快就成为中央电视台当红的女主播。但是，正当她烈火烹油、达到事业高峰的时候，她突然宣布辞职，进入了投资界。从一个播音主持人到投资界，这是一个多么大的跨度啊。

她决定做投资的时候，还跑来问我："老罗，互联网我不懂，你得给我讲讲到底是怎么回事。"那个时候还是我给她讲，但是半年之后我就发现，最新锐的那些互联网现象、企业和事件，我必须请教张泉灵，而且她每次都能给我讲得出道道。这太让我嫉妒了，一个人怎么能成长得这么快呢？我们每个人的生命时长其实是差不多的，但是谁利用得好，谁成长得快，就是把一辈子当几辈子活呀。

当然了，从表面上看，我们只是嫉妒她有速度，但是她是怎样度过这半年快速成长期的？一定充满了各种煎熬和纠结。所以，我请她来分享一下成为投资人的这段生涯是怎么成长的。

直播平台为什么这么火？

成为投资人以后，我最大的变化在于，我看一件事情的角度、态度和方式发生了转变。比如，最近很多人都会问一个问题：为什么直播平台这么火呢？我上去看了看，也没什么好看的。一堆漂亮姑娘说着一些不痛不痒的话，唱的歌也不好听，跳的舞也没那么好看，为什么有这么多人持续地看呢？大家第一天看能理解，第二天看也能理解，大家能持续地看，我就不理解了。而且，这么多平台同时火，这到底是为什么呢？是不是现在的人就喜欢这么无聊的东西？就喜欢看人吃饭、睡觉，是不是年轻人都很无聊呢？

以前，我看到这样一个内容平台的时候，我会用下眼角去盯着它。虽然李学凌（YY联合创始人兼CEO）是我们紫牛基金非常重要的LP(有限合伙人)，但是我在半年前真的不好意思跟别人承认，我登录过YY直播平台。我觉得那个东西好low，一听到它就会皱起眉头。

而现在，但凡我看到一个平台非常火，但是内容似乎还没有达到它应该达到的标准的时候，我会特别兴奋，因为我会觉得这是一个巨大的机会。我会静下心来认真考虑：这个内容真的low，还是我没有理解这个内容？

举个例子，国外有一个非常有意思的直播平台，叫作Livecoding.tv。这是一个程序员的直播平台，点进去会看到每一个程序员的直播窗口。它的大页面上都是那个程序员的电脑，全是一行行的代码，外行根本就看不懂。它的页面右下角会出现那个程序员的头像，有时候整场直播一个小时，一句话都没有说，既不唱歌，也不跟观众互动，就在那里静静地编程，偶尔放点音乐。从内容的角度看，我们可能很难理解，这种直播有什么好看的。一堆程序员在那里写一些我们看不懂的天书，不跟我们说话，也不讲笑话，更不唱歌，为什么我们要上去看呢？

但是，这个平台不仅获得了美国特别著名的孵化器YC的认可，成为他们加速器训练营当中的一员，而且还拿到了投资。它的用户上涨速度非常快。它的分类不是媒体，而是教育。有大量的程序员会慕名而去，也许刚好会看到别人编程中正在攻克的问题正是自己的难点，所以他们形成了一种相互学习的氛围。

在相互学习的底层逻辑之下，还有一个更大的需求：程序员常常会觉得非常孤独，如果有一个直播平台，即便他们在上面不说话，也觉得自己是有同伴在一起的；有困难可以一起解决，有问题可以一起探讨，甚至还有人在上面发挥了自己的才能，找到了很好的工作。像这样的聚合，对这些程序来说，是有非常大的价值的。

所以，当我们看不懂一个内容，也觉得没意思的时候，我们应该先听一听，它是不是对某个特定的人群来说有意思？这个特定的人群究竟是把它当一个媒体看，还是把它当一个交友的平台来看？这就是非常大的不同。

Facebook（脸谱网）创始人扎克伯格说过，直播是未来，所以Facebook也开了直播平台。小扎一开始还担心UGC（用户原创内容）保不住，所以先对明星和一些媒体机构开放，希望能够保证这个直播平台内容的水准。一开始，明星在上面也有互动，但是没有火爆起来。Facebook直播平台上第一个火爆的内容是什么？

是两个穿白大褂的男生，把一个西瓜摆在桌子中间，然后一根一根往上箍皮筋，让大家判断这个西瓜什么时候会爆。这个直播总共直播了45分钟，不干别的，就一根一根地往上箍皮筋，直到西瓜爆炸。这个直播在Facebook上获得了80万的同时在线数，而且它事后编成了一个视频，也获得了320万的点击。

以美国移动互联网的数量来计算，80万的同时在线数，就相当于中国直播平台上有三四百万人同时在线了，所以是一个非常大的体量。为什么这么多人能看45分钟？为什么大家要看西瓜爆炸呢？西瓜爆炸有什么信息量？我们能学到什么呢？

我们以前对内容的要求是“寓教于乐”，哪怕是逗个闷子，也总要有点意义。那么，这件事情的意义是什么？我们反过来想，起哄难道不是人性中非常重要的一个意义所在吗？

传播方式已经发生转变

另外，原来的传媒平台和现在的直播平台有一个巨大的不同点——它们的传播方式是不一样的。原来的传媒平台只能通过好内容来吸引人，因为它的传播是滞后的。也就是说，你看完了这集电视剧或者这部电影，才会大规模地去告诉你的同伴们好看或者不好看。但直播不是，一旦你觉得某个直播稍有意思，就会直接通过在线社交平台去告诉你周围的人，因此它的热点的形成要比通常的传媒平台快得多。

一件事情哪怕再无聊，只要它形成了一个热点，那么围观热点本身会成为第二层内容。也就是说，表面看来，45分钟里，两个男生只做了一件事情，就是往西瓜上一根一根箍皮筋，但他们其实是通过这45分钟又创造了一个新的热点，而对热点的围观形成了第二层社交和传播的意义。所以，直播平台上的内容，我们真的不能简单地把它描述为“给西瓜箍皮筋”，而要把它认定为一个此时此刻的热点事件。大家对热点事件的态度就构成了新的价值。

而且，这样的内容并不是在互联网上、在直播平台上被创造出来的，这样的内容早就在电视上出现过。2009年，挪威有一家电视台做了一次很长的直播，后来被电视界定义为慢直播。它干了什么呢？它在一列奔驰的火车上装了四个摄像头，在300多英里（1英里≈1.609千米）这样的一个路程中，火车开了整整7个小时，而这个电视节目也直播了7个小时。

四个摄像头：两个在车内专门拍摄所有乘客，大家该睡觉的睡觉，该看风景的看风景，该看书的看书；两个摄像头在车厢外面拍摄沿途的风景。没有解说，也很少有音乐，偶尔会穿插一些对乘客、列车员和历史学家的采访，但是这部分采访在7个小时里只占了极小的比例。大多数的时候，我们看到的就是一辆火车在“哐哧哐哧”地往前开。

这个节目总共吸引了多少观众？120万。挪威的总人口也不过600万。也就是说，它触及了总人口的20%，这是多高的收视率啊！要知道，即便是现在，中国直播界最大的IP——《春节联欢晚会》的收视率也就是30%左右。

在这120万人当中，甚至有19万人是从头看到尾的，看了整整7个小时。那我们不禁要问：这样的直播到底有什么信息量？它好看在什么地方？

其实，它击中了观众非常重要的一种心理——“临场感”。就好像即便只有我一个人在家，似乎也有很多人的陪伴，我们可以一起讨论同一件事情。千万不要小看这种临场感所带来的社交参与。

第二层，火车的行进路线，跟每一个路过的地方的居民形成了一种非常强的关系交互。因此，火车每到一个小镇，那个小镇就会沸腾起来。虽然平时火车也会到这个小镇，但是在直播上和不在直播上给人带来的关系感觉是完全不同的。这个小镇的人会一边欢呼着去看，一边在Facebook、Twitter（推特）这样的社交平台上进行二次发酵，吸引更多的人来关注这个电视节目。

一旦有了社交平台的二次发酵，整个传播方式和用户对内容的理解会发生特别大的改变。这对我来说，也是非常重要的一种思维模式的转变。也就是说，我今天再看一个内容、一个产品的时候，我不会先判断它是不是low。我首先会去理解，如果它有这么多的用户，那么用户是在什么样的环境里使用这个产品的，用户的心理是什么。分析用户心理对我来说变成了一件非常有意思的事情。

再举个例子，前不久，在中国一个直播平台上，一个专门做电竞直播的网红姑娘。她在直播了一段时间之后，觉得实在太累了，就宣布要睡一会儿。仰面躺下之前，她告诉助理："我一会儿要是流口水或者打呼噜，你就叫我。"睡了一会儿，她可能觉得仰睡不太舒服，就改为趴着睡。这下真的睡着了，睡了二十几分钟，起来之后迷迷糊糊地开始下一场直播。就在她睡着的这二十几分钟里，在这个房间围观的人是多了还是少了呢？直线上升，一直飙到了三十几万人。

三十几万人同时围观一个姑娘睡觉，你说这件事情怎么解释？很多人的第一反应就是，他们都没事干吗？有那么无聊吗？让我们回到刚才说的那一点，去分析一下用户的心理是什么。

第一个心理叫“喜欢看反常的东西”。在这样一个直播房间里，如果主播进行的是一场游戏解说，那么这是一件正常的事，用户注意的就是内容。一旦出现了反常，试想一下，在真实的生活中，我们有机会去围观一个年轻女孩睡觉吗？机会不大，更何况是三十几万人一起参与，你心里有没有一点暗喜？而且，可以发评论：主播睡姿好不好，我女朋友打不打呼噜……会有别人回应自己。大家可以聊着天围观一个女孩睡觉，这在平常的生活里是不是不容易出现？起哄，加上能够看到反常的东西，这对于大多数的人来说，是不是有很大的吸引力？

并不能说这届网民不行、现在的年轻人无聊，以前的年轻人也是这样。比如我们的电视节目正常播出的时候，收视率是根据内容吸引人的程度而上升或者下降的，但是只要某个电视节目的播出发生了问题，比如突然黑场或者突然变成彩条，你猜怎么着？收视率马上就会升高。

黑场、彩条能有什么内容？内容再好能比得过正在播出的节目吗？但是它反常，只要一反常，收视率就会飙高，这是人们的一个基础心理。所以，我们真的不要轻易说：这届网民不行，现在的年轻人就喜欢无聊。我们不能这么下结论，这是人的一个底层的心理需求。

了解一个人底层的心理需求，对我们到底有什么样的好处呢？这是投资人的必修课，因为它能够帮我们判断什么值得投资，什么不值得。

前不久，有两个不同的项目来找我。一个是明星转电商的平台，这个公司是一个明星经纪公司。它说自己可以在社交网络上，比如微博、微信上，让明星来销售他们喜欢的商品。第二个项目是一个网红经纪公司，它可以组织一批网红到社交平台上，也做电商，也卖东西。那么，我更愿意投资哪一个呢？从表面上看起来，似乎明星的经纪公司拥有的粉丝量更高。明星在社交平台上都是有大量拥趸的，把他们的粉丝数相加，是一个极高的数额。而网红即便再红，在这一点上也不能跟明星相比。

最后，我投了哪个？投了网红经纪公司。原因有两个：

第一，我们从明星的心理来考虑，明星愿不愿意天天吆喝卖东西？肯定不愿意。对于明星来说，他们有更简单的赚钱方式，比如广告代言，为什么要选择从一单一单卖衣服、帽子中，去抽那点儿提成呢？对他们来说这不经济。

第二，明星之所以成为明星，就是一定程度上得跟一般人不一样。正是因为不一样，他才获得了超高的收益。让他们天天卖东西，他们会觉得掉价，所以很难完成预定的销售量。

为什么我愿意投资网红平台呢？我们要重新理解大家对网红的看法。

有一个说法叫“15度美女”。就是说，明星是我们要抬起头45度角仰望的那个人，而网红则是我们稍稍抬眼就能看见的那个姑娘，只需要抬起15度就好。她化好妆跟我们有些不同，我们有点羡慕她的生活。她给我们推荐一样东西，我们会想：是不是用了这款唇膏或者穿上这件衣服之后，就跟她一样了？我们稍稍踮起脚尖就能够得着她。而她素颜的时候，跟我们也没有什么不一样，我们是可以成为她的。

推荐一样东西时，那个15度美女比45度的明星对我们来说更有说服力。所以，无论是从数字还是从心理分析的角度来看，我都更愿意去投那个网红转电商的平台。这就是当了投资人之后，我的思维方式发生巨大改变的一个方面。

有人会问：“你现在做互联网投资，当然特别会为互联网证明、会为它洗涤。互联网上难道没有low的内容吗？”当然有了，因为互联网的本质就是降低了出版的门槛，原来需要有专业编辑、有书号或刊号、有执照才能够出版，现在门槛降低了，每一个人都有可能发表自己的观点，能成为一家自媒体。

在这样的情况下，很多的内容跟原来的内容相比较，质量自然是不能齐平的。但是反过来看，我们得理解，不仅仅是在中国，不仅仅是在互联网上，在以往所有的合法媒介上，low的内容都会占据相当大的比例。这背后可能是我们另外一部分的人性，那就是“食色，性也”，有一些东西在没有别人关注的时候，我们就是喜欢的。

举一个例子。2007年，我在香港待了一个月，做“香港回归10周年”的报道。当时，我就注意到一个现象，那就是在香港的地铁上，很少有人会拿着《苹果日报》看，尽管《苹果日报》在香港当时的付费报纸中销量是最高的。这是为什么？因为《苹果日报》的定位。《苹果日报》上面基本都是八卦新闻，而且其中还有一些少儿不宜的东西。当时，它有两个副刊专门发布色情的内容，还会有一大块内容是谈马经的。虽然很多人愿意看，但是大家都不愿意在地铁上向众人昭示说：我就是看《苹果日报》的那个人。

现在的移动阅读让我们的阅读发生了什么样的变化呢？那就是阅读变成了一件非常私人的事情。即便我们在公共场合阅读，别人也未必知道我们在看什么。在这种时候，人们可能更倾向于阅读自己本能喜欢看的东西。特别是现在移动互联网的内容传播方式又发生了一次变革，出现了一个大数据驱动的推荐方式，比如《今日头条》。在这样的情况下，我们点击过什么，更多相似的内容就会自动推荐给我们。

在这样的情况下，有一部分low的内容很容易跑到置顶的位置上来，这是很难改变的现实。现在的编辑在这个前提之下，也会在这个信息流中穿插一些他认为你此时可能会感兴趣、应该感兴趣的内容。

不要轻易说人性堕落，我们要反过来想这个问题。在没有互联网的时候，所有出版内容都是受管控的，所有出版物都需要执照，我们只有在一些很偏僻的地摊上才能买到一些所谓的

"厕所杂志"。为什么几十年过去了，我们也没有被教育得只看国家认为好的那一部分内容呢？

现在，内容创业投资也是紫牛基金一个非常重要的投资方向。但是，我有时候会特别着急，因为我发现很多内容创业者的想法跟我半年前一样，一说到互联网就会感叹说："这届网民不行，你们资本就是一堆助推泡沫的骗子。"而不是像我现在这样，如果我发现一个地方有流量但是内容不行的时候，我会特别兴奋，这正是它创业和拿到更多流量的机会啊。这个时候不切进去，什么时候切进去呢？

融资的本质是什么？

我前两天碰到一个做幼儿园学龄前儿童内容开发的公司老板，他的公司已经做了十来年的时间，非常有实力。全国的幼儿园大概有20万家，其中有品牌的、质量比较靠前的，大概是1万家，这家公司能够同时给3000多家高质量的幼儿园提供全套的解决方案，从幼儿园怎么建一直到教师的培训、课程的设置，包括用什么样的教具用品等。所以，它是一个非常完整的、有很多年积累的内容供应商。

这个老板说到互联网的时候很客气，但他流露出这样一个意思：互联网上有一个很会讲故事的人，他的故事大多数并不是自己写的，都是一些已经出版的绘本，就算每天讲一个故事，讲两年不也才七百多个吗？你看我干了十来年，光自己写的故事就有上千个，我出版的书就有多少多少本，配套的教案有多少多少套。可是，我才值这么多钱，为什么他的估值已经跑到我前面去了呢？

别先看不起别人，我们先讲讲为什么互联网能迅速地扩大这个内容公司的估值。我给他讲了一个道理：其实，所有做内容创业的公司，看起来是在经营内容，本质上却是在经营用户。你作为一个幼儿园的内容提供商，你经营的就是幼儿园。而作为一家2B的公司，你干的活无疑都是定制版，因为每一个幼儿园都有自己的独立要求。幼儿园跟中小学的市场是不一样的，中小学的教材基本上是统一的，有国家要求。幼儿园的教材和课程其实是非常市场化的，因此每个幼儿园都有自己的定位、自己的配套要求。所以，当你推销给它一些阅读教材、课程设置的时候，它都希望你能够为它做一些定制。因此，你要单独为某个幼儿园做相关的内容开发，十年来你积累了很多很多。但是，你这一套方案，只能卖给几家幼儿园，而不能同时铺到3000家幼儿园。在互联网上是不一样的，比如我讲故事，我讲给我儿子一个人听是讲，讲给我的200万用户听也是讲。但是，当一个内容可以低成本复制给200万个用户的时候，它的赢利能力已经远远跑到你的前面去了。

后来，我跟他说了一句话，这句话是半年前我的合伙人傅盛跟我说的："互联网就是这样，单点突破，迅速地造一个很高的高地。形成势能之后，再加上资本的推力，你知道它接下来能干什么吗？这个你看不起的人，接下来可以花钱雇用你，把你的内容买走。”

我说这句话的时候，他愣了一下。我又问他：“为什么你们从来没有考虑过去融资或者做上市的准备呢？”这个做了十多年传统行业的人，有着天然的对自己靠谱的要求，所以他说：“我觉得等到我做到行业里面更有实力、更靠前的位置，做到行业老大的时候，再上市也来得及。”这是传统行业里面的人，特别是那种对自己有高要求的人，很容易说的一句话。我告诉他，融资的本质是为了让你跑得更快。如果你已经是行业老大了，甚至已经把老二落开很远的时候，你就未必需要融资了，融资的本质就是助推。

这个时候，他的眉头皱了一下。我知道他在想什么，他一定是在想：你们的资本就是这一堆泡沫的推手，推起来的都不是好企业，就是一堆骗子嘛。我又对他说：“经济环境里面有一定的泡沫是一个健康的象征，为什么呢？你想啊，你获得了一定量的用户，大方向是对的。这时候，获得了一笔融资，你就在这一层基础之上架了一层泡沫，这层泡沫可以帮你迅速上到一个新的高度。然后，你要做的是什么？是用这笔钱迅速在这一层泡沫上落砖，把它填实。填到一个新的高度之后，你又可以融资了，然后再回来填砖。你只要不是在泡沫上摞泡沫，就不容易发生危机。你只要在形成泡沫之后，迅速把这笔钱换成资源、经营能力、执行能力，把这一层泡沫填实，那么你的发展速度就要远远快于那些完全靠自己的造血能力、赢利能力去造砖再来造高楼的人。”

我说到这儿的时候，他有一点儿心动，但我知道要改变一个人的思维方式，恐怕没有这么快。我打算再劝劝他，因为他的手里真的有非常好的内容。

其实，做了投资人之后，我思维方式的改变在每一个细节上都能够体现出来。举一个小例子，我刚当投资人的时候很喜欢问别人：“你所在的这个市场有多大？”现在，我很少问这个问题了，我通常会问：“你所打造的这个市场，它的发展速度有多快？”

为什么这么问？如果是一个已经成形的市场，如果是一个完全可预测它的天花板规模的市场，基本上已经杀成“红海”了。而对于早期投资来说，更应该关注那些正在高速成长，哪怕现在还不被人看好的领域。比如，我们投了一个项目叫“编程猫”。编程猫出去融资的时候，有的投资人也会问：“你们这个市场有多大？”教孩子编程，也就相当于教孩子下围棋，这么来估计市场规模的话，它的天花板很容易看得见。

几个月之前，我也会这么看问题，但是现在我不会这么想了。可想而知，一个孩子未来不会编程的话，就失去了和机器世界交互的能力，就失去了创造人工智能的能力。十年之后，不会编程的孩子可能就像现在不会说英语的孩子一样让人焦虑。所以，未来这是一个会快速上升的市场，不能拿学围棋来进行类比，而应拿现在儿童学英语的市场来进行类比，一下子就翻了好多番。

你知道这个世界变化有多快吗？我们刚投编程猫的时候，编程猫的创始人主要烦恼的一件事情是：怎么说服家长，让他们相信孩子学编程并不会染上网瘾。当时，我们想了一个办法。我们跟很多家长进行交流之后，告诉他们：其实，会编程的孩子反而不会沉溺于网络，因为他们有了上帝视角，知道这个游戏是怎么编出来的，所以就不会再被游戏骗去消费了。

比如，我儿子大概学了四个课时的编程之后，编了一个小游戏，让我跟他一块儿玩。我总是输，所以特别不服气，心想：只是需要简单地按上下键和一个发射键，左右手配合就可以了，怎么可能每次都比他慢呢？后来，我去查了一下他的底层编程，发现他把我的起始分数设成了负50分，而把自己的设成了0分，我当然一直输了。

这样的孩子未来是会创造规则的，你能想象你的孩子只能享受永远失败的结果，而不能去底层改一个代码吗？特别是在AlphaGo（阿尔法围棋）胜了李世石之后，突然就到了一个井喷期，导致大量家长主动来找我们投资的编程猫说："你们现在不收费，不会马上就关门吧？我的孩子不会没地方学编程了吧？能不能马上开始收费课程？"

最近，他们的收费学生人数已经达到了几万人，增长速度非常之快。而这样一个对未来市场的想象空间，也不是完全的臆想，它是得到了证明的。美国的儿童编程相对来说走在了我们前面，如果要问美国最大的在线教育平台是哪个？一般人都会说是慕课。我要告诉你，其实是Scratch——一个儿童学编程的引擎。所以，我们要相信一个更快成长的市场。

选择“有把握”还是“冒险”？

选择一个更快成长的市场和开发一个新的市场相比，哪个更有吸引力呢？后者是一个新的蓝海，一个有痛点而没有被解决的事情。我们投资的另外一个教育项目就符合这个特点，它是一个儿童情商教育的市场。很多家长都是受过高等教育的，但是我们并不知道怎么培养孩子的抗挫折能力，怎么让孩子不乱发脾气。学英语、学编程我知道去找哪个机构，但是让孩子的情商得以提高，这件事情该怎么办呢？

在大家都有痛点但不知道找谁解决的时候，我找到了二十多年的老朋友、著名的心理学家张怡筠博士。我使劲鼓励她：“一定要把你这么多年在儿童情商方面的研究、积累，去做互联网化的发展，能够惠及更多的家庭。”

这半年多对我自己来说，最痛苦的事情是什么？是“有把握”和“冒险”这两件事情。我的前半辈子有一个非常重要的自我要求，叫作“做一个靠谱的人”。就是我答应你一件事情，我就会努力做成。怎样能够保证做成呢？只做我有把握的事情。如果是一件我还不会的事情，那我就先学会再做，这样就有把握了，就靠谱了。我觉得靠谱是对一个人非常高的评价。但是现在，对一个风险投资基金来说，如果有把握才出手，基本上会死。可能对所有处在这个快速变化的世界里的创业者来说，完全有把握才出手，都会因为速度而慢死。

因为我本身是做内容的，所以刚入行，我就误打误撞地早早进入了内容投资领域。去年9月，我看好了内容投资的三个方向，我想做一次实验。我想知道不同领域的内容变现是怎样的：我投了“年糕妈妈”，这是一个内容转电商的公司；我投了张怡筠的“儿童情商教育”，这是一个内容本身就可以变成收费服务的；我还投了“混子曰”，这是一个内容可能形成更高价值的IP的。

我在去年9月投进去之后，就在等着它们蜕变。到10月、11月的时候，这个方向已经非常清晰了。但是，我还在等，因为有的公司在没有足够的成长性和速度的时候，其实也是不能成功的，所以我在等着它的成长性出结果。

这三个项目到2016年年中的时候，已经有了非常明确的结果，我到这个时候才是“真的是有把握”。此时再要投出相似的内容，我突然发现价钱不对了。价钱不对对于早期投资来说，就意味着错过了非常好的机会。

有一天，我的合伙人傅盛找我谈话，他说：“泉灵，我觉得你还是不够快。”我知道他说的是对的，但是我要改变这种认知真的极其痛苦。就像我站在一个高空秋千的边上，我好不容易鼓起勇气，一把抓住了第一个秋千开始荡，然后总想知道，我是不是能够在最接近第二个秋千的时候，纵身一跃抓住它跳上去。我在等这个机会，但是越等，第一个秋千的摆幅就越小，我只好咬着牙往第二个秋千上跳，那种不安全感、那种要突破自己的感觉真的非常痛苦。

我现在仍不敢说，我已经把这个思维方式改掉了。它可能已经渗透到我积累了四十多年的行为方式里，但是我知道还得改，痛苦也要改。

以前，我有很多引以为豪的特点，现在反而会变成拖后腿的事情。比如，我以前经常跟人吹嘘说："你知道吗？我都没有助理。"

是的，像我这样干了十几年的主持人，居然连一个助理都没有，在业界还是不多见的。我为什么要吹嘘？因为这会显得我特别有亲和力，有事情就交给我，您尽管放心，我肯定会亲力亲为。不会的事情，我宁愿去学习，也不会假手于人，那样还要去照顾他们，很麻烦。但是，当我变成一个团队的管理者的时候，这就是一个极坏的习惯。

一开始，我特别不愿意用公司的福利，比如不愿意打车，因为我自己有车，为什么还要花公司的钱呢？我更不愿意用司机，我自己就能开车，为什么还要雇一个司机呢？

但公司不是这么思考问题的，如果我用了司机或者选择打车，那么我每天可以多出两个小时来工作，这样更有价值。更大的问题是，如果我每件事都希望自己学会了再去做的话，我就会有短板、就会有限制，成长就会来得更慢。

作为一个团队的管理者，要懂得通过组建一个团队，用别人的长板来补我的短板。整个团队的力量就好像是一只木桶，我自己把每一块木板拔高是需要时间的，有些我可能一辈子都拔不高。而组建一个团队，用体系化的力量，很快就能盛到更多的水。

这些事情改变起来都不容易，但是我慢慢在变，不拒绝任何改变。前一阵子，有人问我："你在公开讲话中说，可能我们看到的95%，甚至99%的项目都有点不靠谱，那做你们这种工作是不是特别苦、特别累？"我不这么看问题，我觉得即便99%的项目约谈后是不能投下去的，但是从这些项目中，我还是能学到大量的知识。这些知识会帮助我去改变思维方式，发现自己的弱点。

你真的了解用户的痛点吗？

在我约谈过的创业者中，有一些共性的误区，跟大家分享一下。

当我面对创业者的时候，最容易发现的问题就是痛点不痛。怎么讲？我们都知道，创业是为了解决生活中没有被解决的痛点，最常见的一个误区就是"你觉得痛，但是别人不觉得"。所有创业者都会说"我是在挖掘用户的痛点"，但是用户真的有这个需求吗?

举个例子，有一家做智能家居的企业，做了一个水龙头，旁边还放了一个小音箱。我就问他：“这个音箱是干什么的?”他说：“它是一个声控设备，你对它说‘开热水，42.4摄氏度’，它就会流出这个温度的热水。”我当时就有点蒙。大家可以琢磨一下，家里那种开热水的龙头其实相对来说还是挺方便的，一抬手大概就知道什么温度。当然，它不能精确到42.4摄氏度那么准，但是我们真的对42.4摄氏度还是41.5摄氏度那么在乎吗?

再说了，但凡要用语音控制它，就要求它有非常高的语音识别率。如果我有比较明显的方言口音的话，恐怕用起来就不这么方便了。我是用手抬一下控温更方便，还是去考一张普通话等级证再去控制它更加方便呢?我用语音控制它，是不是更容易出现温度不对，烫着或者冻着自己的情况?所以，我认为这个产品就没有真正找到用户的痛点。

还有一种误区，解决起来要比第一个误区难得多，就是我们去做用户调查的时候，会发现用户说他有这个痛点，但实际上他没有那么痛。

典型的例子就是，很多人都跟我说过，想做一款万能遥控器的APP，痛点是什么呢?我们在家里经常会忘记把电视遥控器、空调遥控器、音响遥控器等放在哪儿了，找不到了。去做市场调查的时候，每个人可能都会告诉你，他有过这样的经历。但是反过来想，为什么丢遥控器这件事情很多年前就已经有了，但是从来没有一款手机APP真正做起来呢？仔细一想，其实家里的遥控器虽说一时半会儿找不着，但是它一般不会被带到家外面，不会真的丢掉。你虽然为此烦恼过，但最后都找到了。即便找不到，搬家弄丢了，但是市场上、地摊上可能就有卖十几块钱的万能遥控器。而要在手机端做一个万能遥控器的APP，其实会涉及你跟电器公司之间的关系，不同款型的电器是用Wi-Fi连接、蓝牙连接，还是红外连接？其实，做起来并不容易。而对于一个用户来说，就意味着家里每一个人的手机上都要下载一款这样的APP，包括孩子。这就是用户告诉你痛，但没有那么痛的一个案例。

第三个误区是，创业者对用户的心理分析得没有那么细。这个痛点曾经成立过，但是在新的情况下未必能成立。典型的案例就是老年手机。

当年，老年手机在Feature phone领域中着实火了一阵。但是，你别忘了，它的卖点不仅仅是适用于老年人，还在于它很便宜，它没有多少功能，按键很大，声音很大，一个只卖150～200元。但是，在智能手机领域里面，如果我要每个字都大，屏幕就不能太小。而屏幕一大，成本就很难降得非常低。它起码也是千元这样一个级别，跟普通的智能手机在价格上是很难拉开的。

再说，是不是把一些功能简化、把字放大，老年人就特别需要呢？你的竞争对手又在做什么呢？现在，普通的智能手机都能把字放大，这变成了一个标准版的功能。也就是说，这个痛点其他人也在解决。而对于老年人来说，他们是否愿意用这样一款手机来证明自己是个老年人呢？还有，他们的手机从哪里来？很多老年人的智能手机都是他们的儿女淘汰的。所以在这个市场上，我们没有发现一家做老年智能手机能做起来的。

这个痛点不成立的另一个理由是成本太高。我曾经见过一家以色列公司，这家公司在医疗检测方面有着特别强的技术积累。他们发现，如果要给智能手机做一款外设，既要测血糖、尿检，又要测血压、测心跳，可能需要多种不同的外设，用起来很麻烦。于是，他们就想开发一款自己的健康手机。这款手机把多种功能集于一身：既可以量心跳，又可以量血压；既可以验尿，又可以测血糖。可以说，所有人群都是非常有需求的。

但是，一款智能手机淘汰的时间是一年半到两年，他们即便提前为两年后的需求做了研发，别忘了，这款手机是可以测血糖的，这就意味着它进入每一个市场的时候，都要过医疗器械检测的关。而政府做医疗器械检测的时长恰巧是一年半到两年。也就是说，他们再努力，做出来的都是一款已经被时代淘汰的手机，因此那个公司也没有做起来。这就是我经常说的：你真的了解用户的痛点吗？

第四种常见的误区，我常常觉得特别可惜，通常犯这个错误的人，都是高素质的创业者。正是因为素质高，他会对自己公司的估值有更高的需求。但是种子期的时候，他不需要太多的钱，所以会融一个高估值、小比例的投资，估个8000万元，融个2%就好了，因为有150万元左右就可以开始第一阶段从无到有的研发了。

但是，这只能高兴几个月的时间，在进行下一轮融资的时候，就是给自己挖了一个巨大的坑。因为在种子期之后的天使轮也好，Pre-A也好，对于创业者来说，基本的产品有个雏形了，马上就要验证市场了，这时候要搞推广、要抓用户，再来磨合产品，这正是需要花大钱的时候。但是此时，他的估值非常难做，为什么呢？他一开始叫了一个比较高的价钱，那下一次融资的时候得再涨吧？第一轮是8000万元，第二轮得涨到1.6亿元吧？要知道，为一个营利方式还没有打通、产品还没有最后定型的团队估一个1.6亿元的价值，这件事情对投资人来说，就变得非常困难。

所以，这样的团队通常在第二轮融资的时候，会经历一个比较长的时期：一方面需要跟更多投资人去磨合；另一方面，它自己的业务又处在非常关键的时候，他们又不愿意降低自己的估值。这一轮融资如果长到三四个月的话，这个公司可能就死在了自己想在前几个月显得更牛一点的这个坑里面。因此，碰到这样的创业者，有时候我会劝，但是都不怎么起效果，要认识自己真是一件非常困难的事情。

还有一类创业者会给我算一笔账：我这个市场打的（目标群）是3～7岁的儿童，这个年龄段的儿童在全世界有多少多少亿，中国占其中的十分之一，我只要占有中国市场的1%，我就可以挣到几个亿。通常这个时候，我都要问他们：“为什么你认为可以占有中国市场的1%呢？什么事情证明了这一点？还有，你有没有算过，你的获客成本有多少？你在每一个获得的用户身上打算挣多少钱？你有没有算过这笔最最基本的财务账呢？”

当时，我们做过一个实验，有30个参加培训的创业者。我对他们说：“我把你们分成5组，每组6个人。你们就算成立了5家手机公司，你们要在整个市场上，就是30个人的市场上去发售手机。这个手机的性能、价格、外观已经确定了。也就是说，只有一个变量——颜色。你们要去做客户访谈，然后来决定你们自己的手机公司生产什么颜色的手机。最后看谁占有的市场份额大，那么这个组就成功了。”

大家就去做各种各样的市场调查：你喜欢白色的还是黑色的？你平时用什么颜色的手机？如果你买下一款的话，你会选什么颜色的手机？然后回来讨论。

第一组说，我们卖了18个白色的；第二组说，我们卖了12个黑色的；第三组说，我们有金色的；第四组说，紫色是现在的流行色。

最后，我问大家：“你们有没有发现，你们每个组都卖了30个手机，你们明明知道整个市场就只有30个用户，明明知道这个市场上有4个竞争对手也在卖手机，凭什么觉得整个市场就是你们公司的？”

我说完这句话的时候，当时教室里特别安静，所有人都愣住了。我平时跟一个创业者说，你得重视你的竞争对手。你得认知你自己，每个人都会告诉我：“我就是这么做的，我特别重视。”但是，真到实验的时候，我发现每个人还是放大了自己对市场的占有率，放大了自己的能力。所以，无论是认知对手还是认知自己，都是一件很难的事情，即便是这些优秀的创业者，即便是我自己。

我知道要改变我的思维模式，我知道要足够快地改变，才能够跟得上这个足够快的时代。这个时代已经快到不允许我们有任何思维定式了，最大的定式就是没有定式。但是，改变真的很痛，它让我们放弃原来拥有的一切，让我们不断地学习，让我们去理解新的事物。真的，只有改变，才能看见未来。

02 | 现代世界的诞生

阅读的唯一目的是升级自己的认知

牛顿，我们上小学的时候就知道这个人，是大科学家。但是，到了中学，他突然脸色一变，变成了我们的物理老师，什么牛顿第一定律、第二定律、第三定律，都变成考卷上的题了。所以，对于我们这一代受过中国式教育荼毒的人来说，甭管牛顿有多伟大，我们对他也是敬而远之，没有什么好印象，因为在我们的青春时代，他为难过我们。

为什么要提这个人呢？在这个互联网时代，我们会发现读书的必要性正在消失，因为互联网简直就是一部大的百科全书了。一搜即得，什么知识都有，而我们越来越沉浸于用手机去连接互联网来求知。

但是这几年，我心目中的这个界线越来越清晰，就是在互联网上求知和退回书斋中去读书是完全不同的两个求知领域：在互联网上，我主要是想了解这个世界有什么新东西，朋友圈里面什么样的文章在刷屏，哪个微信公众号又推出了一篇我没有见过的文章，或者我有一个什么特定的疑问，我会到百度上去搜一搜，这是往前去求知；但是，一旦回到书斋中，往往是往后去求知。

对我来讲，阅读这件事只有一个清晰的目的，就是利用我此生所剩不多的时间，去搞清楚我这个生命到底是从哪儿来的。

你可能会问："想知道从哪儿来的还不简单吗？从你爹妈那儿来的呀！"没错，但那只是我肉身的来历，而人的本质是一个观念系统。比如，我们今天共享了很多观念，人应该自由、应该享有很多权利、应该尊重他人的私有财产。这几个观念我们天天说，已经不觉得有什么了，但是倒退回几十年前的中国，或者倒退回几百年前的西方，别人根本就不知道你在说什么。你要是跟现在那些原始部落的人讲这些观念，他们会觉得你是神经病，甚至你说自己想多挣点钱，想多过点好日子，他们都无法理解。

所以，事实上，我们生活在哪里？我们生活在一个高处，我们的脚下踩着人类丰富的"观念地层"。比如，郑也夫先生所著的《文明是副产品》里就谈到雕版印刷术的发明。在看到那本书之前，我完全没这个概念，雕版印刷术多简单啊，找一块板子反着刻上字，刷一层墨，拿纸往上一盖，"啪"的一下不就印出来了吗？又没有什么声光电化，算什么高技术呢？可是，看完那本书之后我又琢磨了一下，即使是中国人率先发明了这玩意儿，它也是到唐朝才搞出来的，原来并没有这个东西。为什么全世界的人都这么笨呢？中国人这么聪明，为什么也得等到唐朝呢？

按照《文明是副产品》这本书揭引的很多线索，我才发现，就这么一个雕版印刷术，它居然是两河流域的印章文化、印度的佛印文化、中国的碑版拓片文化，后来中国的纸张和油墨文化，很多种技术组合之后才出现的一个技术品种。

在观念上就更是这样了。我曾经听过一个说法，数字0是人类最伟大的发明之一，如果把人类所有的发明排出前十名，数字0就是其中之一。刚开始，我也不理解，后来才恍然大悟，如果没有这个0，什么现代数学，包括建立在现代数学上的物理学的大厦，以及我们今天的所有工业文明，全部都不会存在。

发明0为什么难？因为我们发明任何一个符号，都是指一个东西，而0意味着什么都不指。为什么这个数字只有印度人能发明出来？因为在印度哲学中有一个空或者无的概念，所以只有印度人能发明0。

牛顿到底有多重要

说完了题外话，我们回到主题——牛顿。为什么牛顿很重要呢？有了前面这一段话来打底，你就明白了，牛顿不是一个科学史上的巨匠或者人类科学发现史上的重要一环，都不是。他开启了一个时代的观念系统。说白了，他是一个大转折点。

牛顿有多牛就不用说了，有人说过这么一段话："如果牛顿活着的时候就已经有诺贝尔奖了，那他至少应该一人独揽四届物理学奖、一届化学奖，因为他晚年痴迷于炼金术。还应该有一届菲尔兹奖，菲尔兹奖堪称数学界的诺贝尔奖，因为牛顿发明了微积分。"

我为什么说他有转折性的意义呢？

牛顿是1727年去世的。当时，英国诗人亚历山大·蒲柏（Alexander Pope）给他写了一段很著名的墓志铭："自然和自然的规律隐藏在茫茫黑夜之中。上帝说：让牛顿降生吧！于是，一片光明。"

这很显然是一个崇拜牛顿的粉丝写给他的过誉之词，但是仔细琢磨下这段话，我们会发现这才是牛顿真实的价值所在。

在牛顿之前，人类是一个非常可怜的物种，天天在土里刨食，看老天爷的脸色吃饭。老天爷动不动还会发火，像中国人讲的"天地不仁，以万物为刍狗"，西方人讲的"上帝的愤怒之鞭"等。总而言之，我们是在一种非常狂暴的自然力量下苟延残喘的物种，我们的生存系统非常脆弱。

但是，牛顿说："这有什么呀？从树上掉下来的果子到海边的潮汐，一直到地球和月亮的关系，一切井然有序，都符合我在纸上写下来的这几个定律。"就是说，我们生活在一个可以用数学来推算的精密系统中，一切都是有规律可循的。

可不要小看规律这件事，人类一旦逮着这个东西，就会继续往下延展。我们可以看看，到今天为止，我们已经破解了自然界的多少规律。牛顿就是叩开这扇大门的第一个人。他让后来者看到，对规律的追索可以帮助人类控制自然，可以不断地获得进步，这是一件可能的事情。所以，你们说牛顿有多重要？

就像一个淘金潮，因为头一个人一锄头下去，挖开了一座大金矿，甭管以后扑过来多少万人，功劳都应该记在这个人身上。牛顿就是这样一个人，他是第一个把整个自然界的规律的大门敲开的人。

所以，英国人就非常自豪地讲："是牛顿找到了大自然的奥秘之钥，这是我们英国人！后来，还有个叫瓦特的英国人，就是改良蒸汽机的那一位。他拿着牛顿找到的这把钥匙捅开了工业革命的大门，所以我们英国人就是牛！"

而牛顿真正牛的地方，不仅是在科学界和工业界，他的影响其实已经旁及政治和社会。美国的国父富兰克林、杰斐逊那一代人，家里都是挂着牛顿肖像的，他们都是他的粉丝。美国的第28任总统威尔逊讲过一句话："《美国宪法》是臣服于牛顿规律的。"

这话听起来好奇怪，牛顿规律是物理定律，跟《美国宪法》有什么关系？它们是一套思维系统。《美国宪法》是在费城制宪会议上定下来的，它后来就像一台原型机一样，仅仅是小修小补，通过一些修正案一直运作到今天。这说明了什么？说明在国父那一代人看来，不管人间万象有多复杂，都可以抽取出几个牛顿式的简单规律。我们一旦认识了它，把它用条文、公式固定下来之后，它就可以永远运行。这是美国人对自己宪法的一个认识。

我在林达先生的书里面看到过这样一个比喻：《美国宪法》就像是一台收银机，我们拿着东西交了钱，店员扫码、键入之后，钱匣子弹出，店员找零，然后拉出一张小票给你，上面就是这笔交易的记录。这台机器在技术原理上是非常简单的，但我们要知道，这是人类商业史上的一个重大发明。

古今中外所有小商人都有一个难题，就是每天有大量的交易从眼前走过，却没有一个记录系统。这还罢了，生意稍微做大一点，就要雇个伙计，还要谨防他偷钱。而收银机不同，任何一个东西交过去之后，价格、找零，店员看得见，顾客也看得见。双方认可之后，没意见了，“叮”的一声弹开钱匣子，才能找零。全天的所有交易都记录在一张纸条上，店主可以轻易地进行查账。

这不就是通过一个《美国宪法》式的机器，用非常简单的原理，让所有人的行为得以规范吗？所以，《美国宪法》就是一个牛顿式的宪法，牛顿对人们世界观的改造是多么强大，由此可见一斑。

其实，后世对牛顿还是略有微词的，因为他年轻的时候很伟大，20多岁就把一生大部分的贡献全部做完了，后来也干了一些糊里糊涂的事情。我们中国人基本上接受了两个观念：第一，牛顿晚年沉迷于神学；第二，他沉迷于炼金术，就是各种各样的伪科学。一个大科学家晚年堕落成这个样子，真的好可惜。

我们中国人看问题，总是习惯于把所有事实都抽取出来，拼在一块看，这个人好过，也坏过，因为他是伟人，所以三七开得了。这就是读书的好处，我们要把这个活生生的人，还原到他活生生的历史时段中再去看。

牛顿身上一切看似矛盾的地方，一旦回归到当时的时间，我们都可以找到解释，这就是我们今天谈论牛顿的角度。

回到1642那一年

牛顿出生于一个挺大的年份——1642年（他出生于1643年1月4日,但彼时英格兰还没有采用教皇的最新历法，按当时历法他的出生日是1642年的圣诞节），就是英国资产阶级革命大爆发的那年，所以牛顿生下来的时候，天下并不太平。

而且，牛顿特别倒霉，在那一代大科学家中，他的身世算是最惨的。跟牛顿同时代的几位科学巨匠，比如化学科学的开山鼻祖波义耳的父亲是一位伯爵，是当时英国最有钱的几个人之一。他在豪宅中给儿子建造了三个实验室，烧瓶随便买，火随便烧。波义耳就整天在自己家里研究沸腾、凝固、膨胀、气体这些东西。波义耳定律就是这么诞生的。再比如，英国的天文学家哈雷，就是后来命名哈雷彗星的那个人，他家里也很有钱。他父亲是做肥皂生意的商人，家里也有大把的银子供他搞学问。

同时代的牛顿，相比之下就可怜得多了。牛顿出生在英格兰林肯郡的一个村庄，父母是地地道道的农民。牛顿的身世特别惨，他父亲也叫艾萨克·牛顿，大字不识一个，在他出生前三个月就死了，所以牛顿是一个遗腹子。而且，牛顿出生的时候只有三斤重，跟一个小耗子似的，家人都觉得不一定能养活。万万没想到，牛顿最后居然活到了85岁，健康而高寿。

牛顿出身于这种家庭，肯定日子是不好过的。后来，母亲改嫁，继父不喜欢他，就把他寄养在外婆家，中途又辍了学。他小时候吃的苦实在是太多了。

我们简单勾勒一下牛顿后半生的履历：他很争气，上了剑桥大学。那个时候，上大学不像我们现在这样，要通过高考国家统一录取，还有助学金。那个时候一概没有，牛顿是靠着给同学打工，吃别人的剩饭，把大学念下来的。据说，他到剑桥大学的时候，身上只有几样东西：吃饭用的一个罐子，几根蜡烛，一个笔记本，还有一把锁。

牛顿一生的转折点发生在他跑回老家以后，1665—1667年的18个月里。当时，伦敦爆发了瘟疫，牛顿就跑回家避难。请注意这个日子，1666年，这是世界科学史上第一个奇迹之年，因为牛顿在老家避难的这段时间，在他妈妈的农场里，几乎做出了他一生所有重要的科学贡献。

1669年，他回到剑桥大学之后，很快就当上了教授，成为剑桥大学最年轻的终身教授，而且一干就是30年。50多岁的时候，他升官发财了。此时，他们的名气也大了，国王觉得我们英国有这么个大宝贝，就得想个法给供上，就把他派去当皇家铸币厂的监管——这是一个薪水高又清闲的地方。1703年，他又当了英国皇家学会的会长。

虽然他不是贵族，但他是第一个以科学家的身份拿到爵士头衔的人，也是第一个获得国葬的自然科学家。他出殡时，成千上万的市民为他送行，抬棺椁的是两位公爵、三位伯爵和一位大法官。今天，我们在英国伦敦的威斯敏斯特大教堂里，还能看到牛顿的墓，就在教堂的正中间，把整个教堂一分为二。那个位置比很多国王的都要好，可见英国人多以牛顿为荣。

在牛顿的葬礼中，送行的人群中有一个人叫伏尔泰。我们都知道，他是法国大文豪、启蒙思想家。伏尔泰当时很感动，感慨道："走进威斯敏斯特教堂，人们所瞻仰的不是君王们的陵寝，而是国家为感谢那些为国增光的最伟大的人物建立的纪念碑。这便是英国人民对于才能的尊敬。"

参加完牛顿的葬礼，伏尔泰就在伦敦游逛，然后找到牛顿的一个外甥女凯瑟琳，采访牛顿一生的事迹。凯瑟琳跟他讲了一个著名的段子，就是牛顿在老家的时候，被树上一个苹果打到头，然后就想出了万有引力定律。伏尔泰跑回法国就开始写文章，他的文笔很好，所以这个故事就迅速传遍了欧洲，还跑到了我们的教科书上。

其实，这怎么可能？果子砸到头上，这是人类早就发现的现象，怎么没启发别人呢？这也说明，如果我们把一个科学发现和一个科学家的履历抽取出来，只能看到一些神奇的，但是在逻辑上根本就讲不通的故事。

现在，我们就是要把牛顿身上这些看似无法理解的矛盾一一解开。一个大科学家，为什么会沉迷于神学？为什么会沉迷于非科学、伪科学的炼金术？这些看似在逻辑上讲不通的东西，还原到那个时代，我们来看一个活生生的牛顿。

牛顿构筑了现代社会的观念地层

我先给大家推荐一本书——《机械宇宙》。我之所以对这本书感兴趣，就是第一眼就瞄到了副标题："艾萨克·牛顿、皇家学会与现代世界的诞生。"我们回到牛顿身上，才会回到现代世界诞生的那一刻。

作为一个现代人，举目四望，我们看到的是一个花花世界，物质生活极大丰富，我们也都知道，这背后有科技、政治、社会、经济各种各样的力量。但是，所有这一切都建立在一个东西上面，那就是特定时代的"观念地层"。

请注意我用的这个词——"地层"。人类文明史的发展也伴随着观念的生成过程，下一个观念体系是叠加在上一代观念体系上的。没有下面的基础，上面的东西决计不会发生。

我们为什么要谈论牛顿？因为牛顿和他那一代人构筑了一个观念地层，没有那个观念地层，现代社会根本就不会发生，这就是我给大家推荐《机械宇宙》的原因。

这本书的作者给牛顿的评价是极高的。在他眼里，牛顿不仅仅是个科学巨匠，牛顿和他那一代的伙伴们，实际上是在构建后来的现代社会的观念地层。所以，我们今天要想理解牛顿这个人，必须把他还原回那个时代和那个时代的观念地层。这样，我们就会觉得一切都顺理成章了，就会知道牛顿那一代人开天辟地的思想成果，实际上是从那个时代的宗教的观念地层中生长出来的。理解了这一点，我们就对牛顿身上那些看似矛盾的逻辑不再感到奇怪了。

比如，我们老觉得牛顿作为一个科学家，就不应该信仰宗教。我们中国人理解这个现象，基本上是接受了两个解释：第一个，他是伟人，三七开，总体还是不错的；第二个，是我上中学的时候老师告诉我的，他说牛顿发现这些科学定律之后大惊失色，觉得这怎么可能呢？背后一定有一个上帝，所以晚年一头扎到了神学研究之中。可是，这在时间上也不对啊，牛顿又不是中途改信的基督教，他从小就信，所以我们必须给予重新解释。

1666年：科学发现的奇迹之年

基督教作为一个宗教的类型，跟其他宗教不一样。比如，我们中国人熟悉的佛教，虽然也有天堂和地狱，用天堂引导人们去行善，用地狱恐吓人们不能作恶，但是佛教讲究的是六道轮回。它比较繁复，有天道、阿修罗道、人道、畜生道、恶鬼道和地狱道。一个人，如果这辈子好好的，下辈子还能当人；如果积德行善，下辈子就会往上升，到阿修罗道，甚至是天道；如果成了佛，就彻底跳出了六道轮回。但是，如果你作了恶，就会一路往下降，下辈子会变成畜生或者恶鬼，甚至会堕入地狱。

对于普通老百姓来讲，这种宗教就是心灵慰藉。它给了各种各样的出路，如果我不想成佛，也不想入天道、阿修罗道，下辈子修个人身也挺好的。所以，佛教在众生面前摆开来的既有敬酒，也有罚酒，琳琅满目，就像自助餐，你可以挑着吃喝。

而且，佛教讲究的是治病救人给出路，你即使堕入了地狱道也没关系，受上几万亿年的苦，仍会有菩萨到地狱里去救你、超度你。佛教里面的地藏王菩萨，就曾发下一个大愿："地狱不空，我誓不成佛！"

可是，在基督教里面，只有两个选择，第一上天堂，第二下地狱。基督教里面有一个词叫"最终审判日"。到了那一天，基督再临人间，所有人都要到他的审判台前，即使是死去的人也得从棺材里面爬出来接受他的审判。你这个人不错，上天堂吧；你不行，下地狱。这就是终极审判，没有上诉的机会。一旦进了地狱，将会永远受苦，再也没有救赎的机会。所以，基督教作为一种观念，既有慰藉人心灵的一面，也有恐吓人的一面。

在基督教的观念中，人过去的日子是最好的，就是伊甸园那一段。但是，人类的先祖亚当和夏娃自从被赶出伊甸园之后，整个人类就不断地堕落，最后要接受最终审判。所以，他们认为，以前是好的，现在是坏的。

对于人来讲，只有一个判断是重要的，就是“最终审判日”什么时候到来。历史上有很多说法，宗教老是用各种各样的年份来吓唬大家，比如千禧年，就是公元1000年，所有人都战战兢兢地在那儿等。把公元1000年混过去之后，大家又猜是公元1666年，这就是牛顿发现三大定律、万有引力的那一年。所以，科学史上的第一个奇迹年，就是1666年。

为什么是这一年呢？因为在基督教的观念中，666是魔鬼的数字。既然1000年没有发生最终审判，那一定是这一年。你如果当时生活在英国，也会真的信，不仅是宗教观念让你信，各种各样的自然现象都会让你不得不信。

1665年，彗星从天空中划过。那个时候，伦敦还没有像现在这么大的雾霾，人们都看到天空中有一个扫把星。神父就跟大家讲：“这颗彗星来了，就意味着你们再不行善，暴风雨、烈焰、棺材将要飘满天空，你们就等着吧。”

紧接着，伦敦就爆发了我们前面讲的那场大瘟疫。五六万人死于这场瘟疫，伦敦十分之一的人都死掉了。要不然，牛顿怎么会跑到乡下去避难呢？在宗教氛围那么浓厚的伦敦，又是彗星，又是死了这么多人的瘟疫，大家渐渐地就开始信这件事情了，整个社会中都弥漫着一种末日的气氛。

当时，伦敦有一个很著名的诗人，叫约翰·多恩。他写了一首很著名的诗，也算是一首很著名的布道词，就是《丧钟为谁而鸣》。

没有人是一座孤岛，
可以自全。
每个人都是大陆的一片，
整体的一部分。
如果海水冲掉一块，
欧洲就减小，
如同一个海岬失掉一角。
如同你的朋友或者你自己的领地失掉一块，
任何人的死亡都是我的损失，
因为我是人类的一员。
因此，
不要问丧钟为谁而鸣，
它就为你而鸣。

后来，海明威受到最后这一句话的启发，写了那本著名的小说《丧钟为谁而鸣》。

紧接着，就是那场著名的大火。1666年9月，一个面包师傅忘关火了，结果这个小火苗就开始在贫民区的那些木质结构的建筑中延烧。十几小时之后，偌大的伦敦城被烧成了一片废墟。据说，当时的英国国王查理二世也跑出来救火，手里拿着把铁锹，光着脚站在泥地里，肩膀上还搭着个钱袋子，谁救火表现英勇，马上就发红包。但是，依然无济于事。

后来也有人说，这场大火非常好，首先只烧死了8个人，人命损失并不大。更重要的结果是，伦敦城的瘟疫就此停止了。为什么？老鼠都被烧死了，因为这次瘟疫的本质就是鼠疫。

为什么伟大的“科学发现的奇迹之年”发生在1666年，而这么多末日的预言和征兆也发生在1666年？这两者之间有没有什么关联？

后来的很多科学史学家都认为，是有关联的。正是因为这种末日情绪的到来，所以那一代大科学家都试图揭开上帝对我们命运的最终安排。那时候，信宗教的人都觉得，上帝是一个全能的神，他安排好了一切事情，而且早就在人间留下了痕迹，只不过需要有智慧的人去破解而已。

上帝留下了哪些痕迹呢？第一，在《圣经》里以文本的方式留下了痕迹。所以，牛顿晚年才一头钻到《圣经》中，去解读其中的密码：那些文字表面上说的是这个意思，背后有没有可能是别的意思？因此，牛顿才写出了那么多神学著作。

另外一个就是大自然，因为整个大自然都是上帝他老人家创造的，所以科学家们都仰观天象，试图找到在宇宙的运行规律中，上帝到底留下了什么关于我们人类的最终命运的线索。

对牛顿来讲，研读《圣经》和研读宇宙天体，这两者之间没有什么矛盾，只是他作战的两个战场而已：跑出门看天，是研究上帝；回到家研究《圣经》，一样是研究上帝。所以，不管是万有引力，还是牛顿三大定律，本质上都是他在解读上帝时留下来的密码。因为他出生在1642年的圣诞节，所以他这一辈子都相信，耶稣出生在这一天，他也出生在这一天，这说明命中注定。上帝已经挑选了他来承担某些独特的职责，尤其是解读上帝留下来的这一大本密码之书。

科学方法与精神病

你可能会反问："这不还是迷信吗？""这不还是在基督教的观念地层里思考问题吗？""你说牛顿构筑了属于他这一代人的全新的观念地层，那他是什么时候破土而出的呢？"

牛顿他们这一代人出生的时候运气好，很多东西已经为他们准备好了，其中最重要的一样就是科学方法。我们今人提到科学方法，觉得稀松平常，已经见怪不怪了。它就是一个默认的正确设置，工作、生活、学习都应该用科学方法。

什么是科学方法？其实很简单，就是回到最朴素的原点，用实证的方法去认知世界，什么东西我都必须靠做实验，眼见为实。

这是一种天然的认知世界的方法吗？不是，人类自古以来靠的都不是这一套。

也有实证方法，但是最主要的认识世界的方法是听信他人。因为我们人类是一个协作体系，所以我们生下来之后，就在一个群体协作中认知这个世界。人的大脑的带宽就那么一点儿，每一样东西都靠自己去认知，这怎么可能？即使是我们当代人也不可能。

在原始部落里，只有相信父母、相信酋长、相信跟自己关系好的小伙伴，他们说什么就信了，为什么一定要事必躬亲地去搞什么实证研究呢？

举个例子，古希腊有一个著名的哲学家，叫亚里士多德。那是多聪明的人哪，但是他居然在自己的著作里记载下这么一个观点：男人的牙齿要比女人多。

亚里士多德又不是没结过婚，据说还结过两次，让老婆张嘴来数一下不就完了吗？可他就是不数，就是要相信其他人的道听途说，然后居然把这样的结论记在书上，作为确定的知识传给后人。据说，在牛顿那个时代，英国牛津大学还有一项规定：任何人的观点如果跟亚里士多德不一样，先罚款5个先令，然后再辩论。

其实，不仅是英国，全世界所有民族都是这个观点。在那个时代，前人、先哲、经典已经把该掌握的知识全部掌握了，我们要么就是诠释，要么就是重新发现。所以，中国的文人经常搞“托古改制”，声称自己说的话就是孔老夫子说的话，这其实是全世界所有民族到那个时代的基本状态。

牛顿这一代人也一样，牛顿一辈子都认为他发现的东西根本就不是什么发现，古希腊人、古埃及人、古巴比伦人早就发现了，他只不过是把他们发现的再发现了一遍而已。他从来不认为自己是一个独创者。

一旦建立了这样的背景，你就会明白，科学方法听起来高大上，实际上是一种非常奇葩的思维方式。不仅是在当时，就算在今天，你身边如果真的出现这样一位科学狂人，你也会疯掉的。举个例子，有一天，你们公司来了一个客人，进门就问：“你们公司多少层楼？”你说20层楼。他说：“我可不信，我必须从1层爬到20层，然后我才信。”你给他端上一杯水，他会问：“这里面有没有微生物超标，会不会有毒？你有什么证据证明它是安全的？”然后，掏出仪器自己搞化验，最后才喝。那么，你肯定以为接待了一个精神病人。

牛顿那一代的科学家在周围人看来就是这样的精神病人，他们信奉一句话：走出图书馆，走进实验室，往圣先贤写的所有书我都将信将疑，我只相信在实验室里得出来的确切数字。

所以，当时有一个神学家就暴跳如雷地说："你们是一帮什么人？什么样的聪明人告诉你们他见过什么，你们都不信！即使是上帝他老人家亲自告诉你们他见过什么，你们还是不信，你说你们是一帮什么人？"

其他民族都没有的际遇

那么，问题来了，这种很奇葩的科学思维方法，怎么突然出现了？说来话长，牛顿之前已经有培根、伽利略，他们都是牛顿之前的一代人。更重要的是，当时欧洲人已经打开了眼界，他们知道这个世界上有大量他们不知道的东西，而往圣先贤写的书里面没有。这就是其他民族没有的际遇。

我们主要讲三方面。第一，进入了大航海时代。关于美洲，圣贤的书里面都不曾写过，这是横向空间视野的扩展。

第二，发明了望远镜。这是伽利略那一代人搞出来的。欧洲人抬头一望，天空中原来如此神奇，这又是一个全新的世界。

第三，发明了显微镜。这是荷兰商人列文虎克发明的，他完全不是什么科学家，只是一个卖布料的商人。因为经常要检查布料细微的纹理，所以就经常摆弄镜片，最后搞出了显微镜的效果。他觉得很神奇，就到处去看植物、动物、微生物、污水、昆虫等。他还是第一个观察到人类精子的人。

外层空间、微观生物以及横向空间的视野突然打开，就让科学方法有了用武之地。

科学方法有什么好处呢？说来说去，其实只有一个好处，就是把不靠谱的变成靠谱的。你可别觉得，但凡戴上科学家桂冠的人都一定不迷信，他们的脑子里面其实也是一锅粥。就说牛顿那一代人吧，现在我们一听英国皇家学会就以为里面都是院士、著名科学家，其实刚开始的时候，它只是一个私人俱乐部。后来，国王一看，这帮人整天讨论自然哲学、讨论自然现象，就认可了，改名叫作英国皇家学会。

这个机构的会员天天都在讨论什么问题？都是在黑板上演算牛顿定律？不是，什么奇葩的问题都有。而且，那里面的所谓科学家，脑子里也是不那么明晰。前面我们提到的化学科学的鼻祖波义耳，他就相信一堆歪理邪说。比如，把人的粪便变成干粉，吹到眼睛里就可以治疗白内障；把死囚手掌上的汗液收集起来，就可以治疗甲状腺肿。他还相信，把一条性格比较温驯的狗的血输入一条性格比较暴躁的狗的体内，那条狗的性格就会被改变。有一个叫迪格比的人，居然声称自己发明了一种药膏，可以治疗人的一切外伤，包括决斗中受的那种重伤。但是，治疗方法很奇怪，这种药膏不是涂在伤口上，而是涂在导致这个人重伤的刀剑上，即使这把剑在千里之外，只要涂上，受伤者的伤口就能好。

这不是胡说八道吗？但是不要紧，有了科学方法之后，人们就能在一堆胡说八道当中，渐渐用实证的方法找到那些靠谱的东西。

最后一位魔法师

英国人当时的知识状况，和两百年前中国人的知识状况，有什么区别？没有什么区别。但是，正是因为有了这么一点点的科学方法，它可以让人类的知识一点一点地有了进展。

中国人曾经搞过炼丹术，牛顿晚年痴迷于炼金术，都是搞来各种各样奇怪的东西，像《蓝精灵》里面的格格巫一样，试图用一根老鼠尾巴、一种矿物质、一种植物，炼出他们想要得到的那个东西。

中国的炼丹术有没有什么科学发现呢？有，搞出了火药。但是，为什么它没有引出现代化学，而炼金术却引出了现代化学呢？就是因为炼丹术追求的结果不同。炼丹术追求的是长生不老，可是长生不老这件事很难验证。一个皇帝吃下道士炼的丹药死掉了，到底是因为他心不诚，还是因为其他因素导致的呢？这很难验证。

可是，炼金术要的结果是确切的，一定得炼出金子。有这样一个实证性的思维在，根本不怕你的缘起是不靠谱的。所以，炼金术搞来搞去，就演化出了现代化学。我们现在使用的很多化学符号都是牛顿这样一批炼金术士搞出来的，代表火的三角形，代表水的倒三角形，都是牛顿当年用过的符号。

关于神学、炼金术，牛顿留下了很多研究手稿，后来被英国著名的经济学家凯恩斯买了下来。在牛顿诞辰300周年的时候，还搞了一个纪念会。凯恩斯在会上发表了一个著名的演说，他说："牛顿不是理性时代的第一人。他是最后一位魔法师。"

隔了几十年，我们再来看凯恩斯讲的这句话，依然没错。在这个观念地层正在形成的过程中，很难说得清牛顿到底是什么人，他既是上一个时代的魔法师，也是一个新时代的奠基人。

为什么牛顿能够构建出观念地层？

我们就把牛顿和他的小伙伴作为一个切片，来观察人类精神世界某一个特定的层级，是怎么被构建出来的。

前面我们讲到科学方法，但科学方法说来也是平平无奇的，因为它只是实证研究，每一个人都相信眼见为实的实验证据。我们作为普通人，即使不懂科学大道理，有时候也是相信眼见为实的。

中国历史上就出现了大量这样的人，比如先秦的墨子，他也搞科学实验。很多人对大自然都充满了好奇心，都相信眼见为实，但是为什么没有构建出一个观念地层，而牛顿和他的小伙伴们却构建出来了？而且，后来整个现代世界的大厦都坐落在这个地层上，所以我们仍然需要一个解释。

这就要谈到另外一个原因：科学家群体的出现。这是人类科学史上一个非常独特的现象，就是某个国家的某个小圈子里，突然冒出来一群人。比如牛顿、胡克等皇家学会的科学家，几乎是同时出现的。这个现象在科学史上称之为“汤浅现象”，因为发现这个现象的是一个日本人，叫汤浅光朝。

16世纪，全世界的科学重心都在意大利，咕嘟咕嘟地冒出来伽利略等一帮人；17世纪挪到了英国，冒出来牛顿这一帮人；18世纪又挪到了法国；19世纪轮到德国大面积地出人才；20世纪，是美国大面积地出人才。所以，有人就顺理成章地推断，说风水轮流转，该轮到中国人霸占21世纪这个汤浅现象了。

这个现象的出现也许很神秘，但是这是一个铁定的事实：当一帮人出现之后，才能够破土而出，构建全新的观念地层。

给大家简单讲一下这个机理，比如，原来欧洲那些学者、科学家也有零星的发现，但是互相之间都是保密的。每一个孤立的发明者都把自己的成果看得像命根子一样，不让别人知道。但是，科学群体出现之后，就没有这种事了。你发明了什么，大家都知道，那个荣誉就非你莫属。这成了一个群体性的网络现象，可以彼此确证谁是发明者，所以大家就敢于公开自己的研究成果了。

科学家群体出现之后，还有一个附带的效应，就是大家说话的方式出现了变化。以前，英国上层阶级之间要通一封信废话多了去了，什么“我斗胆把这几张破纸放在你的面前”“我就想着怎么成为你房间角落里的黏土，做成一个合适的容器，才盛得下您的高贵”“我打心眼里就想成为您最低贱、最温驯的仆人”等。正话还没说几句，废话已经铺了半篇纸了。

可是，科学家之间是要讨论具体问题的，怎么能用这种方式说话呢？所以，原来贵族阶层看不起的那种很粗鲁、很直接、不文雅的表达方式，就成为科学家群体里的主体语言。从拉丁文到古英文，再到现代英文，我们看到的是一个逐渐简化的趋势。这其中，科学家群体的功劳也很大。

还有一个附带的效应，科学家群体出现之后，科学家之间开始进行激烈的竞争，尤其是一些科学成果的发明权，其中最著名的就是牛顿和莱布尼茨之间的争论。

牛顿与他同时代的科学家胡克，也是一辈子的生死冤家。胡克就是发明胡克定律的那个人。胡克是1703年死的，那一年牛顿继任为皇家学会的会长。他把胡克的实验室拆了，搬家的时候甚至把胡克的所有东西都扔了，包括实验材料，甚至是胡克的最后一幅肖像。所以，至今我们也不知道胡克他老人家长什么样子。

但是，这也有好处，因为科学家的成果在越来越激烈的竞争中，形成了一个叫“研究成果”的市场，这本身对科学发明也有促进作用。

不是每一代人都这样幸运

我们反复提到了一个词——观念地层。也就是说，往往只有在特定的时间、特定的国家、特定的圈层里的人，才有机会构筑一个观念地层，把整个人类文明往上抬升一大截。但是请注意，不是每一代人都能这样幸运。

牛顿之后，一直要等到两次世界大战前后，也就是爱因斯坦那一代人出来，才能够构筑下一个地层。这中间的好几百年时间，科学家们在干吗？他们也有非常丰硕的成果，但是本质上都是牛顿这个地层上长出来的东西，没有决定性的突破。

理解了这个观点，我们就可以解释，为什么牛顿身上也有一个看起来很奇怪的东西。我们可以算一下，他出生于1642年，到了1666年，他24岁的时候，几乎已经搞完了他的所有重大发现，后来都是一些零零星星的突破。他老人家活到84岁，后来的60年都比不上24岁这一年的质量，为什么？不是牛顿堕落了，而是历史的观念地层的突破仅仅有这样一个小窗口。他倾尽才智也只能完成这样的突破，后面更大的突破得再等上好几百年。

这不是什么真理，只是一个视角——一个观察人类文明史或者科技史的视角。从这个视角出发，后面得出来的结论可就不一样了。比如，对科技的未来，你到底是悲观还是乐观？以前，我们介绍过一个观点，是乐观的，叫2046奇点来临。就是科技发展是一马平川的，它会越来越快，到2046年就会迎来一个奇点，此后就是科技大爆发。这是乐观的观点。

但是，在美国也有一派悲观的观点，它的名字叫“低垂之果”。什么意思？我们这一代人好像科技也很发达，但是我们所有的成果都建立在一个观念地层上面。这个地层是由“二战”前后，冯·诺依曼、图灵他们那代人构筑的，他们创建了计算机的基础原理。我们现在所有的东西看起来眼花缭乱，其实都没有突破那个基础原理。我们都在吃他们栽种的果子，而且是低垂之果——这棵果树上有很多果子低垂下来，我们伸手就可以够着。但是，这些果子吃完之后，再往上够就难了。如果想要有巨大的突破，不知道要等多少年才能构筑下一代的观念地层。所以，持这一派观点的人认为，美国的繁荣快要到头了，所有的低垂之果都快吃完了。

这只是一派观点而已。我介绍这派观点，其实只想说，人类的精神世界是一个层累结构（地质学上的一个概念，本意是说地壳是一层层地铺就的，现在被引申到了很多领域）。不管我们现在认为什么是正确的，从对和错的角度来看自由、民主、法制、私有财产、市场经济这些东西，其实太浅了。要深知，我们是站在人类的一个观念地层的顶端。每一个我们确认的观念，都有它逐渐发育的过程。换言之，它并不是天然正确的东西。

这就是在互联网时代仍然热爱阅读的人的优势，别人只知道什么是对的，而热爱阅读的人可以往下看，不仅知道什么是对的，而且知道它是什么时候才变得对的。这就让我们一边品尝知识的果实，一边可以避免知识带来的傲慢。

第二章

从经济学开始升级认知

为什么经济学思维特别重要？因为它让我们知道，这个世界上的事实远比我们看到的要复杂，社会结构、社会协作和人心的复杂度是远超我们的想象的。只要我们带着这个思维方式，尽可能地去认知更多的事实，那我们不就变成了一个聪明人吗？

01 | 聪明人怎么看世界

经济学鬼才——史蒂芬·列维特

“魔鬼经济学”这套书有两个作者，我主要介绍一下第一作者——史蒂芬·列维特，他因为这套书在美国可谓是家喻户晓。这套书曾在《纽约时报》的畅销书排行榜上连续雄踞40多周，也就是说上榜将近一年，因此在主流人群中广为人知。

为什么这套书有这样神奇的魔力呢？原因很简单，因为它符合文科生的胃口：这四本书里面，没有一个数学公式，所以看起来不太像经济学著作。关于这一点，列维特自己是这么解释的：之所以没有数学公式，是因为我的数学太差。他讲了一个故事，说在一个社交场合，他突然看见了他以前的数学老师。因为当时已经成名了，他就上前去嘚瑟，问老师：“您还认识我吗？”数学老师说：“怎么不认识啊，我一眼就认出来你了！我教了一辈子数学，从来没有一个学生微积分只考两分的。”可见，他的数学成绩之差。

当然，这话也不能全信。史蒂芬·列维特本科读的是哈佛大学，博士读的是MIT（麻省理工大学），最后做了芝加哥大学经济学院的终身教授，这样的人数学能差到什么地步？

但是，在经济学界，他做学问的路数和其他经济学家确实很不一样。史蒂芬·列维特走了一条谁都不愿意走的路，就是专门研究一些跟经济学无关的问题。这套书里面的话题经常会吓到我们。比如，都说毒贩子能大发其财，但为什么他们还跟母亲住在一起？因为他们自己没钱买房。再比如，应该选择星期几去抢劫银行最合适？他还研究：妓女和百货商店里面装扮成圣诞老人的员工，这两个职业之间有什么共同点；3K党和房地产经纪人有什么样的关系；怎样去说服一个不愿意被说服的人……而且，史蒂芬·列维特得出来的每个结论都会让我们大跌眼镜。

纽约的犯罪率为什么会突然下降？

史蒂芬·列维特最为著名的一个研究，就是美国纽约的犯罪率为什么会突然下降。纽约的犯罪率，从20世纪四五十年代就开始缓慢爬坡，到了60年代突然开始飙升，到了80年代的时候，从民间到政府都已经被犯罪问题严重困扰。但是，1990年之后，尤其是2000年之后，政府发现犯罪率突然降下来了。这是政绩啊，所以各级行政官员包括政客都来争功：典狱长说，“是我们监狱搞得好，犯人都改邪归正了”；警察局局长说，“不对，是我们的破案策略正确”；议员们说，“是我们那条法案提得好”。市长更要争功了，因为犯罪率下降，是市民们普遍关心的问题。

这个时候，史蒂芬·列维特站出来说：“别扯了，这些原因都不对。看我通过经济学的分析来告诉你是什么原因，我一个数学公式都不用。”他给出的原因是：从1970年开始，纽约州宣布堕胎合法化。

什么样的妇女会去堕胎呢？往往是底层的、因为贫穷养不活这个孩子的母亲，或者意外怀孕的妇女。堕胎的妇女家庭状况一般都不好。美国原来是不允许堕胎的，这些贫困家庭的孩子被生下来后，成长环境非常恶劣，长大后就很容易变成犯罪分子。

那么，史蒂芬·列维特的结论就出来了：不是犯罪分子被你们管好了，而是他们没有生下来就被自己的妈妈杀掉了。这个结论绝不是跟别人抬杠时仓促得出的，而是经过精密分析得出的结果。

史蒂芬·列维特这一派经济学家，研究的不是我们惯常认为的那些经济学话题：什么央行该不该加息，国家的宏观经济的景气指数怎样，重金属的价格是不是偏离了正常值，股市会不会涨到6000点……这些问题他们一概不搭理，而是跑到经济学的门外，跑到其他学科去打、砸、抢。比如，社会学、犯罪学、刑侦学，甚至去研究怎么抓住恐怖分子，全部是“狗拿耗子”的事。

所以在美国学术界，他们这一派经济学家有个外号，叫“经济学帝国主义”，因为对其他学科的学者来说，本来井水不犯河水，大家各研究各的话题，你们现在非要用经济学的方法跑来插一脚，这不是欺负人吗？这不就是帝国主义吗？史蒂芬·列维特和他那个著名的老师——诺贝尔经济学奖得主贝克尔，都是属于这个血统的。

经济学的经典定义是什么？我在上大学的时候读过，经济学是一门研究人类行为及如何将有限或者稀缺的资源进行合理配置的社会科学。简单地说，就是有一大堆钱，有一大堆人，还有一大堆资源，我们要让它们形成最优配置。

可是，史蒂芬·列维特在写这套书的时候，为经济学提出了另外一个定义：“经济学不是研究经济问题，而是研究人的行为。更具体地讲，是研究人在激励的前提下，怎样改变自己的行为。”这就把经济学普世化了，要不怎么会被称作“经济学帝国主义”呢？

借助这套书的视角，我们可以完成两个任务：第一，帮助大家进一步理解什么是经济学的底层思维；第二，帮助大家成为聪明人，或者至少让大家理解聪明人是怎么思考世界的。

用经济学底层思维看相扑运动

先给大家举几个例子。第一个例子也是“魔鬼经济学”这套书里写的，日本有一项民族性的体育运动叫相扑，就是两个大胖子，仅仅穿块兜裆布就在那儿摔跤。

为什么说相扑呢？因为它自以为在道德上和其他运动项目不一样。其他的运动项目，哪怕是足球、羽毛球这些奥运会项目，本质上都是娱乐项目。现代已经没有了战争，现代人怎么释放力比多（libido，即性力，泛指一切身体器官的快感）呢？到球场上看场比赛，喊上一阵子，然后就释放完了，所以它们本质上是娱乐项目。

可是相扑不一样，它带有强烈的宗教性、情感性，甚至是神圣性。日本文化有一个特点：什么东西跑到日本人手里，他们都会整出一个道。比如，喝茶到他们那儿变成了茶道，插花变成了花道，甚至做个寿司都有道——九十一岁的老爷爷小野二郎把一辈子的生命都倾注在了这项手艺里面。他做的寿司看着很普通，一个饭团，上面加片鱼片，再刷一层酱就卖给你，而且贵得要死。但他说：“你们理解得不对，这是我的真心诚意。我把生命都放了进去，你们如果不理解道，就无法品尝出其中之味。”包括最普通的拉面，日本每年都会搞拉面大赛。最后的获胜者也会告诉你，这里面有道，他是把生命注入了给你做的这一碗拉面里。

其实，各个民族都有摔跤这项运动，唯独日本人将其整出了一个道，就是相扑。在日本文化当中，它被称为“大相扑”。无论是平时的训练，还是在赛场上，相扑这项运动都充满了仪式感。比如，裁判身上会带着一把刀，这把刀叫“介错刀”。日本武士切腹自杀的时候，旁边的人怕他太痛苦，会一刀把他的头砍下来，帮他结束生命，这个人就是“介错”。裁判带介错刀的意思就是说：“如果我出现了错判，我就自杀给你看。”当然，现在带刀主要出于仪式感，但这就是日本民族文化圣坛上的东西。

所以，相扑运动一直是日本自认为最干净的运动，其他运动比赛中都免不了有各种各样的作弊，什么贿赂裁判、运动员性生活不检点等，最要命的是兴奋剂和打假球。为什么这两个东西最要命呢？前面讲了，所有体育项目现在都是娱乐项目，大家买票都是要看真家伙的，你要跟大家玩假的，那不是在愚弄大家吗？

但是话说回来，各项运动都很难根除这些不好的现象，而大相扑从来都认为自己没这个。用西方人的话说，这就是体育精神。日本所有相扑运动员在赛场上，一定会发挥那种叫“武士道”的精神殊死拼搏，绝对不会干那些肮脏的事情。每个相扑运动员都会跟别人讲：“我有×××样的哲学，我打到最高的段位不是靠体力，而是靠我的哲学。”这里面是有道德感的。

日本的相扑运动跟围棋一样，也是分段位的，一共有十级，五级以上就算职业运动员了。第九级叫“大关”，上面还有一级，那是神一样的地位，叫“横纲”。到了横纲级别，即使输了也不会降级，连输两场的话，顶多宣布退休，依然可以终身保持这样的荣誉。

到了横纲级别，在日本社会中的地位堪比贵族。日本曾有一个横纲叫贵乃花，跟家喻户晓的女明星宫泽理惠谈恋爱。宫泽理惠在日本是女神一样的存在，年轻的时候相当漂亮。后来，俩人订婚了，而后却取消了婚约。据说是因为贵乃花的父母反对，嫌宫泽理惠出身太卑微。这件事在当时的日本娱乐圈非常轰动。

那么，相扑运动员的道德水准是不是真如他们所说的那么高呢？也有人爆过料，两个退休的横纲曾联手写了一本书，叫《赛场内外》。里面影影绰绰地说到相扑也不干净，我们指责别人的兴奋剂、打假球这些事，在相扑当中也大量地存在着。

这本书出版之后，立刻引起了轩然大波。很多人说相扑是我们民族心中的圣坛，岂容你们俩信口雌黄？日本相扑协会也说，这两个人就是给“老同事”泼脏水，道德上很卑污，要告他们。

后来，这两个人死得非常惨，几乎是在同一天，因为同一种疾病死掉了。医院给出的解释是死于急性肺炎引发的呼吸衰竭，除此之外，我们也查不出别的什么原因。但我们用大脚指头想一想都知道，这肯定不是正常死亡，一定是得罪了什么人，妨碍了别人的利益，被黑社会做掉了。

但这不是我要说的重点，重点是怎么判断相扑运动到底在道德上是不是有问题呢？

最后，这个案子被“魔鬼经济学”这套书的作者史蒂芬·列维特给破了。他用的方法其实也很简单，既不搞现场勘查，也不找一些人来问，而是做经济学家最擅长的事——大数据分析。他把几十年来相扑运动的资料全部调了出来，一共调出来32,000场比赛，然后找出关键场数。

什么叫关键场数？相扑运动的规则非常复杂，但是有一个基本的规则是：在每场比赛中，每个运动员都要打够十五场，如果胜比负多，也就是赢了八场以上，就可以晋级。

这种赛制其实非常原始和传统，因为它存在一个问题：如果到第十五场的时候，我已经赢了七场，那这一场就性命攸关，决定着我是不是能晋级。如果这一场我输了，那么前面的十四场全部都白打了；如果成功晋级，那么金钱、美女、荣誉就全来了。每晋一级，在相扑这个小圈子里的地位的差别很大，所以大家都会玩命。

但是，对手可不见得会跟你玩命，因为他可能已经赢了八场，胜券在握了，或者只赢了六场，晋级无望了，干吗跟你玩命呢？他很可能会跟你私下达成一个交易，你只要给点银子或者给点别的什么好处，他就放水了，而且观众还看不出来。他在比赛时会龇牙咧嘴，显得非常使劲，但实际上又没使劲，一个大胖子来一个假摔谁也看不出来。裁判就算带着刀又怎样？能拿他们怎样？

但是，用大数据一分析，简直就像看澡盆里的鱼一样清楚。史蒂芬·列维特把32,000场的数据稍微做了整理，就发现所有选手到最后一场决胜战的时候，性命攸关的这一方的胜率突然提高了一倍。所以，相扑运动怎么可能是干净的呢？

我举这个例子是想说，任何道德上冠冕堂皇的，包括借助于精神、说教、传统的东西，在现实面前都不堪一击，人性的恶都会一点一点把它拱掉。

经济学就是要剥除人类所有表面上的说辞，剥除那些道德的作用。它就是要绕到背后去看人在激励下表现出来的行为到底是怎样的。

为什么经济学家说的话有的人就是不爱听呢？正是因为他们绕过了大家天天放在嘴上的这一层，看到的往往是最后的真相，所以经常显得像一个魔鬼。

在这里做一个补充，“魔鬼经济学”这套书的书名的翻译多少有点标题党，它的英文版书名是Freak Oconomics。Freak是搞怪的意思，所以若正儿八经地翻译，这套书应该叫“怪咖经济学”，因为史蒂芬·列维特曾说自己就是个怪咖，研究的都是怪咖的问题。

可是说到相扑这件事，我又觉得“魔鬼经济学”这个翻译还挺合适的，因为经济学家在和其他普通人争论的时候，往往扮演的就是魔鬼的角色。

如果我们现在去日本，告诉日本人相扑运动背后藏污纳垢。很多日本人一定会说：“呸！你个美国人，你个中国人，根本不懂我们的文化和我们日本人的道德操守。”日本人一直以此为傲。美国著名的社会学家本尼迪克特写了一本书叫《菊花与刀》，这本书里面说日本人有一种耻感文化。他们非常讲究羞耻心，怎么会干那种脏事呢？

还是回到我们的主题——任何道德上的东西，也许都拦不住人性水滴石穿的一点点拱的力量。

用经济学思维寻找恐怖分子

相扑毕竟还是一个世俗的运动和游戏，那么恐怖分子呢？站在恐怖分子尤其是一些宗教极端主义的恐怖分子的角度来看，他们自认为是坚定的理想主义者，自以为在道德上是很圣洁的。为了真主，他们可以把命都豁出去，这样的人会不会也受这种经济学的人性规律的影响呢？在“魔鬼经济学”这套书里，我看到了一个例子。

恐怖分子袭击案通常特别难破，因为它存在着极大的不对称：一来只要几个人就可以杀掉好多人，二来总是搞突然袭击，我们在信息上是完全无法监控他们的。所以“9·11事件”发生之后，英国、美国这些国家也没办法，只能用重兵保护主要目标，什么美国白宫、英国首相官邸、法国总统府等。但是没用，恐怖分子不见得要到这些大目标中搞恐怖袭击，他们随时随地都有可能发起袭击，逮个剧院、地铁站就能干。

后来，专门研究这个问题的学者觉得，得转换方法论，得提前把恐怖分子给识别出来，而不是保护一些重要目标。可是，识别恐怖分子太难了，传统的方法大致有以下几个。

第一，通过情报来找源头。可是，恐怖分子往往都是在中东的山里和沙漠里，这个源头怎么找？世界上哪有那么多007？

第二，监控信息和情报，就是电信监控。可是，现在的互联网这么发达，信息如海洋一般，怎么从中把恐怖分子的通信信息给识别出来呢？而且，很多恐怖分子根本不用这些现代化的工具，用的还是口耳相传的原始通信方式。

第三，监控资金来往。可是，恐怖分子也不怎么花钱，比如，发起“9·11事件”的那个团队也就那么点儿人，一共花了30万美元，并非大宗的银钱来往。

这就把搞恐怖分子防范的那些专家愁死了。后来，英国经济学家霍斯利（其实他也不算是经济学家，只是银行的一个码农）给破解了。他原来的工作是帮银行识别那些可能发生诈骗的账户，为此，他研发出了一整套方法。说白了，就是用大数据的方法判断一个人的银钱来往有什么异动。

英国政府请霍斯利去帮忙，看他能不能通过查询银行账户来往的方法把恐怖分子识别出来。霍斯利识别了半天发现，很多数据都非常粗略。比如，当地的穆斯林肯定值得怀疑，他们的银行账户如果有一大笔钱存进来，然后动不动以小额现金的方式去领取，那么他们是恐怖分子的概率就比较高。再比如，星期五下午，他们一般不会到银行去做任何存、取款的操作。因为星期五下午，英国的穆斯林要举行一些宗教仪式，他们没有空。可是，这些条件不管列举出多少，都是在讲同一群人，我们并不能缩小怀疑的范围。

霍斯利最后发现了一个条件，一下子把恐怖分子的怀疑范围缩小了。后来，英国警方根据这个条件果然抓到了恐怖分子。什么条件？就是这帮人不买保险，而一个二十多岁的英国公民或者长期居住者，不可能不买保险。对英国政治稍有了解的人都知道，左派国家的福利非常好，发福利的一个重要渠道就是保险。只要买一份很便宜的保险，医疗问题基本上就会有保障了。而穆斯林普遍结婚比较早，孩子也比较多，20岁以上的男子不可能不买保险。

但是，恐怖分子不会买。因为保险兑付的时候，即购买者死了之后，保险公司赔款给他的家人的时候，有一个前提条件，那就是这个人不能是恐怖分子。只要他是恐怖分子，就不会获得任何赔偿。这是保险业的行规。这只是蝇头小利，但恐怖分子就是会受这个蝇头小利的影响，最后被大数据识别出来了。

可见，即使是自认为道德非常高尚的恐怖分子，其人性当中贪小便宜、规避损失、会做成本和收益核算的这一点点念头，还是会让他暴露。所以，人性是掩藏不住的，随时随处都有可能会暴露。

用经济学底层思维看点球

我再给大家举一个例子，也是这套书里的。懂足球的人都知道，罚点球的成功率是极高的，大概是75%，近乎于一罚就中。因为点球的速度极高，时速都在100千米/小时以上，所以守门员在球飞过来的时候再去判断方向，根本就来不及。守门员这个时候唯一的策略就是，赌定一个方向，朝左边或者右边扑过去。

对于罚点球的人来说，存在好多种选择。第一种选择是往左边和右边踢，这实际上是跟守门员做概率上的对赌。第二种选择是左上角或右上角球门门框的位置，因为即使守门员方向判断准了，一般也扑不到那两个位置。但是，朝那个位置踢，需要很厉害的准头。为什么踢点球很容易踢飞？往往就是踢了那两个位置中的一个。

还有一种选择，就是踢球门中间，直直地往守门员站的位置踢。按照大数据分析，守门员往左扑大概是百分之五十几的概率，往右扑是百分之四十几的概率，而留在中间只有百分之二的概率。就是说，如果你是一个非常性的、懂数学、懂大数据分析的被罚点球的运动员，你最理性的选择就是往中间踢。

但是，为什么几乎没有人往中间踢呢？经济学分析告诉我们，因为这不符合踢球者本人的利益。往左上角或右上角踢，如果踢飞了，可以归结为运气不好。往左边或往右边踢，让守门员给堵出来了，也可以说运气不好。唯独往中间踢，万一这个守门员是个笨蛋，反应慢了半拍，没来得及扑出去，你的球让他扑住了，那么所有的观众，包括评论员都会觉得：你根本就没使劲，是一个没有出息的球员。

输赢是全队的事，又不是我一个人的事，我为什么要用自己的名誉为代价，去赌一个更高的概率呢？我为什么不显示一下我的球技，选择一个即使输了还有推脱之辞的选项呢？所以，最理性的方案不见得是每个人基于自己的利益考量，最终会选择的方案。这就是经济学的魅力。

为什么经济学家看问题的角度和我们不一样？

为什么经济学家和我所提到的那种聪明人，他们看问题的角度和最终得出来的结论和普通人不太一样？而且，他们的结论往往很气人，往往很不道德，正如这套书的书名。

这可不只在中国，在美国也一样。美国的工会也天天跟政府请愿，要求提高中国的关税，因为中国人太讨厌了，抢美国工人的工作。如果拿这件事去问美国的主流经济学家，他们基本上都会跟政府讲，千万不要提高中国的关税，因为自由贸易对中美双方都有利，包括美国的工人。再比如说，美国的底层群众希望政府发这发那，希望教育、医疗、住房、食物全部都免费。可要去问主流的经济学家，他们都会跟政府讲，不要过度提高穷人的福利。这不仅对富人没好处——要多交税，对穷人也没有好处。

这话听着很气人，为什么大家看问题的角度不一样？其实很简单，因为经济学家和聪明人看到的世界的复杂度和我们不一样。我们普通人看世界，是通过自己的直觉去判断，我们看到的是一个简单的世界。

什么叫现代人类社会？就是几乎每一个人都被卷入了一个全球化的协作网络之中，这种互动关系是非常复杂的。而我们普通人看到的都是身边的协作关系，家人、亲朋、同事这些简单的关系，再隔几层我们就看不到了，所以我们的认知和世界的真实情况之间有一个落差。经济学家就是研究这个落差的。

关于这个复杂度，我分三个层面跟大家简单做个交代。

社会结构的复杂度

第一个层面，社会结构本身就是复杂的。我年轻的时候常常自鸣得意，觉得自己找到了思考这个世界的终极方法，就是推己及人。别人的想法我不知道，怎么办呢？我假设自己处在他的处境下会怎么想，虽然我嘴上不会说出来，但我知道他也是这么想的，然后以此为前提，来判断我应该怎样行动。这一招还真在年轻的时候帮了我，我变得更加倾向于跟他人协作，也更加尊重协作伙伴。

可是到了互联网时代，这一套“推己及人”的思考方法完全没用了，因为所有人开始坐在一张桌子上说话，在一个锅里乱搅和吃饭。一个大学教授跟一个12岁的小孩在微博上辩论的时候，推己及人还有什么用？我们根本不理解别人是怎么想的。

举个例子，世界骗局史上有一个著名的骗局，叫“尼日利亚骗局”，因为这个骗局最早发生在尼日利亚。这个骗局其实非常简单，就是到处跟人说：“哥们儿，你有没有银行账户？我是尼日利亚的，我们那个地方政局动荡，发生了政变。一群有钱人要把财产转移到海外，能不能借你的账户用一下？金额不多，大概五亿美元，从你的账上过一下，仅仅产生的利息你都赚了。”

“可以啊，可以啊！”

“好，那你能不能给我交点手续费？”

这个骗局是多么拙劣，骗子先给你许诺一个大好处，但是你先得给骗子一个小好处。等你把这个小好处给了他，他就跑了。

不知道大家听说过没有，在中国有一个很常见的骗局，叫“重金求子”，有时候贴在电线杆子上，有时候也在微信里传播。

“我是一个美貌的少妇，嫁给了一个大富豪。但是很可惜，他没有生育能力，为了分他的家产，我必须要有一个孩子。怎么办呢？我现在需要一个年轻人，你长得好不好看不重要，重要的是你得有生育能力。我跟你做一次爱，把孩子生下来之后，我给你五百万元人民币作为酬谢。”

有人相信吗？还真有人信，那些没太受过教育的人就觉得，既能跟少妇做爱、生孩子，还能挣钱，这么好的事哪里去找？他们就真信了。然后，对方就会要求他给点手续费或者什么东西，总而言之骗钱的方式多得很。因为向往一个巨大的利益，所以在小的问题上就放松了警惕，然后丧失底线，继而损失钱财，这是很多聪明人也会落入的一个陷阱。

为什么这么拙劣的骗术却屡屡管用呢？这就是典型的互联网时代的骗术。互联网时代有一种电信诈骗，会故意在行骗的邮件里面犯很多语法错误，因为这样一来上当的人一定是阅读能力不是很好、理解能力很差的人。骗子把这批人筛选出来后再施展行骗手法，就容易得手多了。像我们这种人，对语法问题通常很挑剔，一看有那么多错别字，就知道肯定是骗子，就不会轻易上当了。

这就是社会结构的复杂度，千万不要推己及人。在这个世界上，一个动作引发的后果，我们往往是无法想象的。我们越聪明，往往就越没法想象。

协作的复杂度

第二个层面，协作的复杂度。人类其实始终处于战略猜疑的状态，就是我说的话你听进去了，但你的真实想法未必会直接说出来。你要顾及我的想法，加工之后再说出来一番话。每个人的智商不同、知识储备不同、情商不同，所以大家就处于一个非常复杂的博弈网络中。一个行为出去之后到我们这儿，再到其他人那儿，最后会变得我们根本就不认得了。

比如，我们经常听到司机肇事之后直接把受害者杀掉的新闻。他们为什么这么做呢？其实道理很简单，因为中国法律在这一点上不够完善。交通肇事把人撞死后，要赔多少钱都是有标准的，可如果把对方撞成了残废，而中国的社会保障体制、保险体制还不发达，司机一辈子还指不定要赔对方多少钱呢。所以，很多司机把人撞了以后，会选择倒车把人轧死。你不觉得这也是一个理性行为吗？虽然很不道德，但是司机避免了后半生家庭的财政状况落入地狱。这就是社会协作的复杂度带来的一个行为结果。

再比如，“禁止卖淫嫖娼”这条法律很符合社会主流的道德标准，可是在不同的国家、不同的社会发展阶段会导致不同的社会结果。前些年，我看到过一篇文章，说那些在中国底层生活的女子其实是非常可怜的一群人。中国底层的刑事恶性案件中，她们是被杀害最高发的一个人群。

为什么？对抢劫犯来说，最容易下手的可不就是她们吗？第一，是因为她们是女孩子，反抗力量比较弱；第二，更容易下手。可以借谈生意的名义说：“我们找个地方去成交吧！”然后，把她们带到没有人的地方下手。此类案件的犯罪高发时间是每天凌晨两三点，这些站街女此时正好做完第一单生意，兜里有点钱。而且，因为她们的生意本身就不合法，所以天生没有求助于警察的观念。再加上她们的文化素质普遍比较低，一旦被抢了钱，第一个念头不是保命而是保钱，所以会大声地喊叫。那些犯罪分子都是穷凶极恶、没有人性的，自然会把她们弄死，所以她们就成了一个杀害案件高发的人群。

本来这条法律是想保护妇女的，但是却把这群人彻底踢出了法律的保护伞，这难道是设置禁令的初衷吗？

再比如说，2016年4月，北京有家和颐酒店发生了一件事，在网上传得沸沸扬扬：一名男子突然对一个住店的女生实施拖拽并殴打，打得很惨。大家就觉得很奇怪，觉得这个社会戾气真重。后来才发现，这名男子其实是一个“鸡头”。什么叫“鸡头”组织？就是黑社会自发组织起来保护妓女，然后对妓女的收入进行抽成，也就是收保护费的一个组织。他们当然各有其势力范围，不是我这片儿的，就不能跑到我这里做生意。这名男子怀疑这个女孩是来抢生意的，所以打了她。

可见，在正常的社会秩序之外，有的禁令就会逼出这种角落里非常肮脏的协作系统。这绝对不是禁令发布者的初衷，但是它就是作为一个复杂的协作网络存在着，所以立法者能不小心吗？

人心的复杂度

第三个层面，就是人心的复杂度。很多人都说经济学就是讲钱的，其实不是。人哪是用钱能够定义得了的？

举个例子，美国有一家幼儿园一直为一件事特别头疼，就是家长接孩子的时候经常迟到。家长们应该每天下午四点就把孩子接走，可是有的家长因为各种各样的事情耽误了。怎么办？幼儿园总不能把孩子扔到大街上吧，所以不得不雇一些老师留守值班，这给幼儿园造成了财政上的负担。

怎么解决这个问题？根本上解决这个问题显然不太可能，有人就给幼儿园园长出主意说：“罚款吧，用经济杠杆来促使他们早一点把孩子接走。”幼儿园园长说：“行，用经济杠杆来撬动一下，但也不能收费太高。这样吧，迟到一次罚3美元，好不好？”结果呢？迟到现象更严重了，本来一周只有零零星星的三四起，现在翻了好几倍，变成了二十起。

幼儿园园长觉得非常奇怪。其实我们仔细一想，一点儿也不奇怪。比如说，您是一个家长，本来接孩子迟到了，给幼儿园的老师添了麻烦，害人家增加了财政支出，您会非常不好意思、会愧疚、会紧赶慢赶地去接孩子。可是，现在明文规定要罚款，那我交钱就是了，迟到一次交3美元，我愿意接受这个惩罚。这时，家长心中的愧疚感反而没有了，就会放心大胆地迟到了。

后来，幼儿园取消了罚款的规定，可是迟到现象并没有好转。为什么？因为你罚过款，已经把大家的观念给扭转了，大家开始觉得，这件事本身是个买卖，至于是收钱还是免费，那是你们幼儿园自己的选择，我们管不着，总而言之迟到没事。

这家幼儿园真是被伪经济学、假经济学给害惨了。经济学讲的是：要总体地体察人对收益和成本的比较，就是什么收益都是收益，包括心理上的收益。我自己是个好人，我不麻烦他人，这也是收益，收益不仅仅指钱。

总而言之，无论是社会结构、社会协作，还是我们的人心，都是复杂的。我们根据几百万年进化而来的直觉系统，对这么复杂的现代社会去做判断的时候，当然就是笨人。所谓的聪明人，无非是运用了一些经济学家搞出来的方法，对这种复杂度能够多看两层。

事实判断与价值判断，你搞混了吗?

“魔鬼经济学”这套书最大的价值就在于，它讲的都是我们普通人日常可见的场景和事例。但是，把经济学的思维运用进去之后，我们会发现：怎么和我们普通人用直觉得出来的结论不大一样呢？有一个很重要的原因，就是普通人没有经过经济学的思维训练，容易把两类判断搞混，一类叫事实判断，一类叫价值判断。

什么叫事实判断？就是事实本身是怎样就怎样。比如，中国古代历史上有一些皇帝、将军就不爱听事实，有探马来报说前线打输了，他就下令把探马给斩了。为什么？因为探马讲了一个他不爱听的事实。可是，事实这个东西就是钢铁般坚硬的存在，它会以你的主观意志为转移吗？

第二类判断叫价值判断。这就进入了人类的舒适区，因为我们都在做价值判断，就是它应该怎样，它的底层就是我的愿望。比如，我们觉得这个东西应该便宜一点，这个姑娘应该让我追一下等，这都是用愿望撑起来的一种判断。甭管是实现什么主义的理想，还是明天找到一个好工作，都叫愿望的价值判断。

我们经常容易把这两类判断弄混。简单举个例子，前些年，中国有一个很重要的社会争议，就是一线城市的房价问题。我们听着好像有两派声音，一派就是那种讨人厌的如任志强这种人，天天说“房价一定会涨，你们赶紧买房，再不买房就来不及了”。可是谁会听他的？很多老百姓都恨上了他，因为他跟我们讲了个事实，而这个事实不符合我们的愿望。所以，任志强在演讲的时候会被扔鞋，而且位列“中国人最想干掉的前三名”之一。

而另外一种人喜欢迎合我们的价值判断，比如有人说：“我代表穷人说话，我是有良心、有道德的经济学家。”这种人也好意思叫经济学家？什么叫学？学就是判断事实，但是他们天天去迎合大家的愿望。最后，信了这些话的人没有买房，白白受了损失，上哪儿去告他们，上哪儿去投诉他们？

我们是不是经常把这两个判断搞混？是。我们普通人很容易把道德、愿望当作理解这个世界的终极工具，于是就失落了事实。那些聪明人为什么比我们聪明？就是因为他们关注事实，不关注愿望。

从愿望到事实距离到底有多远?

有一些环保主义者天天说一定要保护珍稀动物，要划定保护区，不准猎杀，谁杀了就判刑等。这些在道德上和愿望上当然成立，貌似也有结果，但是真的管用吗?

有一次，美国人发现有种鸟类非常珍稀，于是就划定保护区要保护。结果呢?导致这种鸟类灭绝了。为什么?因为美国实行的是土地私有制，政府划定的鸟类栖息地周边的那些业主非常紧张，如果在他的私家领地上发现了这种鸟，一旦被那些环保主义者得知，这块土地就要被划分成鸟类栖息地，就要保护起来，那么这块土地就要贬值。所以，周边的人家只要在他的领地上看到这种鸟，“砰”的一下就给打死了。这种鸟本来就十分珍稀，它的栖息地又被严格限制在中央区，它的生态很容易就崩溃掉了，反而灭绝了。所以，一个愿望和一个事实之间差得有多远?

还有一个例子，英国殖民者当年在印度搞殖民统治。他们发现这个地方的眼镜蛇太多，经常伤人，就花钱让人去捕蛇，然后收上来杀掉。多好的初衷啊，但是结果是什么?越收越多，永远也收不完。原来，印度的老百姓一算，出去逮眼镜蛇和在家养蛇，哪个成本低?他们没学过经济学，但是他们知道，养蛇卖给英国人可以挣钱。所以，一个好的愿望导致的结果是什么？

再给大家举一个例子，这在美国历史上可谓创巨痛深，因为这是美国唯一一个被撤销的宪法修正案——禁酒令。美国在开发西部的时候，很多牛仔都爱喝酒，导致世风日下。很多丈夫一喝酒就不是个人，回家打老婆，还不干活，所以20世纪初，女性拥有了投票权后，都把选票投给了那些支持禁酒的竞选人。

20世纪20年代，美国政府正式颁布了禁酒令。根据这项法律规定，凡是制造、售卖乃至于运输酒精含量超过0.5%的饮料皆属违法。自己在家里喝酒不算犯法，但与朋友共饮或举行酒宴则属违法，最高可被罚款1000美元及监禁半年。21岁以上的人才能买到酒，并需要出示年龄证明，而且只能到限定的地方购买。

禁酒令颁布前一天，全美国人都在抓紧喝酒。实行禁酒令的结果是什么？我给大家推演几个结果。

第一，绝大多数爱喝酒的美国人都变成了伪君子。原来该喝就喝、想少喝就能少喝，可是现在不行了，只能回家偷偷喝，在外面跟别人却说自己从来不喝。禁酒令几乎把所有的美国男人都变成了伪君子，会出现一个道德滑坡。

第二，因为酒变得稀缺，所以价格飙涨，会出现黑市，就会有很多人想方设法要得到酒。从哪儿得到呢？偷工业酒精。工业酒精是重要的化工原料，虽然它有毒，是不能喝的，但酒鬼才不管呢，美国的工业酒精一年会被偷掉5000万加仑。

1926年，美国总统柯立芝认为，偷工业酒精来喝实在是太伤害身体了，对公众宣布，美国政府在所有工业酒精里面都加了毒药，谁喝下去谁就会死，然后通过报纸大规模地宣传。但是，政府的宣传难免会有不到位的地方，再加上有些人实在馋酒，根本就不信政府说的话，大家接着喝。仅1926年一年，纽约市就有1200人喝这种酒中了毒，其中有400人死亡。

还有第三个结果，黑社会会发达起来。黑社会一看，既然走私酒有这么高的利润，我们正好可以带刀、带枪来保护。原来，美国的黑社会是不成气候的，正因为20世纪20年代的禁酒令颁布，黑社会成长壮大起来了，所谓的黑手党就兴起于这一阶段。

黑社会上面自然要有政府做保护伞，他们会找个别官员去行贿，那么第四个结果就是，政府的道德也被败坏掉了。

第五个结果是什么？任何一种实施为禁令的道德愿望，总会留一些例外。比如，医院里如果不让用酒精，就没办法消毒；基督教为纪念耶稣受难日，会不定期举行一种宗教仪式，会发放圣餐，而圣礼餐中不可或缺的就是红酒，这代表着耶稣的鲜血。既然有了酒，又怎么能阻止得了那些大夫、神父利用这一点点特权去卖酒呢？如果增加政府官员去监察，又会产生新一轮的贪污腐败问题。因此，罗斯福总统的竞选纲领之一就是废除禁酒令，他上台跟这件事也有很大的关系。

所以，从愿望到事实距离到底有多远？

聪明人就是能看到更多事实的人

最后回到我们的主题上来，到底什么是聪明人？聪明人不是智商比我们高，而是在这个认知成为唯一的竞争壁垒的时代，能看到更多的事实。

这句话稍微解释一下。互联网时代，大家变得越来越自由，谁也不能再用血缘、阶层、官职、学历来限制每个人的发展，每个人都可以把自己的禀赋和特长发挥出来。这个时代唯一限制我们的是什么？是认知。如果你的认知仅仅是一个普通人根据愿望对世界做出那种直觉的判断，对不起，你就在认知的囚牢之中。

为什么经济学思维特别重要？因为它让我们知道，这个世界上的事实远比我们看到的要复杂，社会结构、社会协作和人心的复杂度远超我们的想象。只要我们带着这个思维方式，尽可能地去认知更多的事实，那我们不就变成了一个聪明人吗？

02 | 认知差距的本质

经济学思维奇葩在哪儿?

经济学思维虽然非常奇葩，但是对我们这一代人的生存非常之重要。

为什么用经济学的思维方法来思考这些问题，得出来的结论会这么让人毁三观、大跌眼镜呢？为什么和我们通过常识、直觉得出来的结论不一样呢？

首先，因为人类社会的协作体越滚越大，导致我们再从身边的事物来看待这个世界就很难看到真相。而经济学尽可能从人类的总体协作上来看这些问题，它的结论自然就不一样。

那么，经济学思维到底奇葩在哪儿?

经济学思维其实代表着人类正在进行的一次缓慢、坚定但是作用极大的思维切换。这不是哪一个人的思维切换，而是整个人类的思维切换，只有那些真正明白的人能切换得过去。

为什么说将来贫富差距会越来越大？不是说穷人的生活越来越惨，其实穷人的生活会越来越好，只不过跟那些精英的差距会拉大，这正是因为认知差距。而认知差距的本质就是我们能不能顺应这个时代的发展，完成这次思维方式的切换。

这并非在吓唬大家，这道鸿沟确实存在，此岸是经济学思维，彼岸就是大多数人还在运用的那种非经济学思维。这么说好像有点晦涩，我借用一下万维钢先生（同人于野）的说法，他用了两个特别气人的词：一个叫理工科思维，这是他赞扬的、主张的；另一个叫文科生思维。

我们为什么要补足经济学思维？

究竟什么是文科，什么是理工科？过去，我们都认为只是学的课不一样，怎么能有贵贱之分呢？但是，落实到思维方式上，确实完全不同。文科生讲究形象、具体、情感抒发，比如只用小桥、流水、人家这三个非常具象的东西，就能够堆叠出那种抒发不出来的情感。理工科学生则往往讲究冷静、理性、逻辑这一套。

人类好像一直都有这两种思维方式，所谓大脑、小脑；左脑、右脑；系统一、系统二。从来都是这样分野的，为什么一定要分出高下呢？为什么说人类将要补足理工科思维，或者说经济学思维呢？

这就得从历史发展的角度来看问题。

首先，文科生思维不好吗？它太好了，因为它是几百万年来人类进化的结果，可以说它是上天对人类最大的恩赐。此话怎讲？这就要回到进化的现场，我们人类是进化而来的，由此上溯到每一代祖先，一直到猿猴时代。请问，每一代祖先、每一只猴的核心使命是什么？不是理解世界和宇宙的真相，而是活下来，而且把基因给传下去。

既然生存下来是首要目标，那么其他目标就清楚了，主要是两个，第一个是节能，第二个是高效。

为什么要节能？一方面，因为在我们的生存环境中，我们的身体机能能够获得的能量是有刚性约束的，不能胡吃海塞。被吸收到身体里的能量在转化为机能的时候，得有所控制。比如，人类看不见红外线，也听不见次声波和超声波，为什么？因为没必要。能看见一段就够用了，不需要无限制地发展，跟当下的生存无关的事一概都会被删除。不像现代人类社会，我们会突然拨几十亿美元去发现、研究引力波。我们变成蝙蝠就可以听见次声波，但是我们的眼睛会瞎掉，因为它对我们没用。一切都是本着“节约成本”的刚性原则来设计的。

而另外一方面，我们的速度得快。比如，这儿有只兔子你不抓，你就会饿死；这儿有条蛇你不躲，那么你就死了。所有不符合这个原则的人，他们的基因都传不下来。我们的基因之所以能传下来，就是因为我们的祖先反应更快。

那么，什么东西反应快？难道是理性逻辑这些东西吗？如果我问你，73×78等于多少？你得想半天，恨不得再拿张纸出来算一算，所以理性逻辑是一个很慢的系统。对于人类的远祖来说，优先打造的思维模式当然就是感性、具体、情绪，这些形象思维来帮助他们做出快速的反应。形象思维当然好了，我们看到一个人，跟自己脑子当中存储的认知记忆一比对，马上就知道这个人是好人还是坏人、是不是可以信任他，就能迅速做出判断，不需要搞其他的调查研究。

情绪也是一样。遇到一样东西，我们是因恐惧而马上选择逃跑，还是因愤怒而马上去攻击、去获得竞争的胜利？这都是我们调动自己的身体快速做出的反应。为什么说文科生这种情绪化、具象化、形象化的思维方式是上天的恩赐呢？因为没有这一招，人类根本就活不下来，就没有我们今天的人类。所以说到底，文科生思维很伟大。

邓巴数字——150人定律

但是，现代社会变化太快，我们这套东西还来不及转过来，有些刚性约束就把我们限死在当地了。互联网界有一个很著名的词，叫“邓巴数字”。这是英国人类学家邓巴提出来的。他发现，甭管是远古还是现代，甭管是那些太平洋的小岛上以狩猎采集为生的原始部落还是现代社会，人们都在受150这个数字的约束。也就是说，人类智力将允许人类拥有稳定社交网络的人数是148人，四舍五入一下，就是150人，很难突破这个上限。

比如，他研究发现，在电子邮件诞生之前，英国人喜欢在圣诞节前夕给亲朋好友寄贺卡。即使再疯狂地寄贺卡、收贺卡，跟他们打交道的也不会超过150人。再比如，西方军队最基础的组织叫连，一个连大约就是150人；南太平洋小岛上那些狩猎采集民族，发展到最大规模也就是150人。

其实，这个规律不仅体现在传统社会中，在互联网上也一样。很多人说，互联网就是扩大了连接数。没错，可是连接数扩大到150人以上，互动方式就不一样了。比如说《罗辑思维》，可能有100万人在看，但是我们没法互动，真正能互动的人数仍然受制于邓巴数字，不会超过150个人。

为什么？因为在150人的关系中，我才能达成节能和高效这两个生存任务，多一个人我就得多理解多少事啊：你长什么样，你生日是哪天，你老婆长什么样，你跟我认识的另外一个朋友有什么瓜葛……多一个人，就会增加我们大脑带宽的负担，这个任务量我们承受不起。所以，它就变成了我们人类的一个刚性约束，跟我们不可能在两秒之内跑完100米、不能在水下呼吸是一个道理。除非若干年后，我们进化出别的能力，否则150人的邓巴数字就会把我们死死地限制住。

现代社会，我们的协作体远远超越了150人，怎么办？我们现在的办法是，依然用150人的行为方式、认知模式和思考方式来对待这个世界。所以，就出现了一些特别有趣的反差。

比如，第一次海湾战争的起因，是伊拉克的萨达姆突然出兵，把科威特给灭了。接下来，老布什在竞选总统的演说中跟国民说："这可不行，中东是美国的石油来源，这会影响美国石油价格的稳定，对我们世界警察的位置也是一个挑战。我们有责任维护世界的秩序，萨达姆这不是胡来吗？所以，我们美国要出兵。"

听他讲完，选民说："石油价格跟我们有什么关系？美国的老大地位跟我们有什么关系？"于是，老布什的幕僚就给他出主意说，得换一个说法。

所以，老布什再跟老百姓讲的时候，就说："伊拉克是个流氓，流氓欺负人家小弟弟算什么本事？科威特多可怜啊，人家没招他、没惹他。我们美国是谁？我们是有英雄的，我们有超人，有美国队长，我们能够容忍一个流氓欺负一个善良的少年吗？不行，美国必须拔刀相助，我们必须去当这个英雄。"大家听得热血沸腾，连连鼓掌。于是，美国就出兵了。

老百姓根本无法理解美国、世界、石油安全、全球秩序这些宏观的概念，但是大家可以按照身边人的逻辑来理解：隔壁有一个流氓欺负一个弱小少年，这事我不能忍，我很气愤。这种事大家都理解。所以，我们仍然是用邓巴数字控制下的150人之内的那种交往方式、那种情绪反应方式来处理国家大事的。

政治家后来就学会了，还总用这一套。比如，老布什的儿子小布什总共做了两届总统，第一届干得一塌糊涂，经济持续下滑，但是他也有招。他的竞选顾问告诉他一个词：恐惧。所以，他在第二次竞选的时候就拼命跟老百姓讲，萨达姆一定有化学武器，他还支持恐怖分子，我们一定要把他干掉，否则美国人的安全根本无法保障。老百姓听后都感到很恐惧，于是支持小布什连任美国总统。

小布什竞选的时候还有一招：一般的政治人物都会把自己说得高大上，他却说自己年轻的时候没出息、成绩不好，还酗酒，有时候还抽点大麻，其实是一个问题少年；后来屌丝逆袭，才变成今天这样一个道德高尚、能力出众的人。选民都爱听屌丝逆袭的故事，自然就把选票都投给了他。奥巴马在竞选总统的时候，用的也是这一招。

我举这些例子，其实就是想告诉大家一点：即使我们在做那样大的框架的选择的时候，我们仍然是按照村里的思维模式来进行的。那些政治人物一旦洞察了我们这种心理，就会拿这种小故事来忽悠我们。老布什、小布什、奥巴马这些人的施政方针，能够给美国带来什么改变，选民有工夫去考虑吗？没有。老百姓听不懂，能听懂的都是跟在村里见过的那些情节类似的故事。

再举一个例子，人类偏文科的知识分子往往对世界抱着一种悲观的态度。这可不只在中国，全世界都一样。在这些知识分子看来，只要谈到自己民族的未来、国家的经济、人类的命运，结局都是悲观的。但有的时候，这种悲观真的不符合事实。

比如过去三十多年，中国经济一飞冲天，这是铁的事实，全世界都羡慕。可是，回溯到这三十多年的任意一个阶段，我们会发现最有市场的舆论就是看衰这个国家，说中国有前途的人是很少很少的。直到今天，演讲市场上标价最高的那批“所谓的”经济学家，还是一路唱衰中国的。把他们的言论串出来看，讲的就不是事实。但是不要紧，因为这种文科生思维非常契合我们的情感需求：在进化的过程中，我们总是刻意地培养自己对危机的敏感度；如果危机没发生，反正我们也没什么损失；万一发生了，我们就得赶紧跑，这是我们的天性。文科生思维和这种天性是契合的，虽然它跟事实没有什么关系。

文科生思维的缺陷

我们得承认，文科生思维的历史贡献非常大，但是下面就是不好听的话了。人类进入现代社会才一两百年的时间，就导致我们的思维模式不得不发生切换，要走向原有思维模式的反面。说白了，要矫枉过正或者大量地补足原来没有的东西。这个东西在万维钢先生看来，就叫“理工科思维”。在我们今天的话语环境当中，就叫“经济学思维”。

我们原来习惯的那种形象化、情感化的思维方式的缺陷在哪儿？最显而易见的一点，就是文科生思维缺乏一种用数字描述这个世界真相的能力。

美国人曾经做过一个慈善方面的实验：给一部分家庭寄去一封信，告诉他们非洲哪个国家有几百万儿童现在缺医少药，快要病、饿而死了，大家快来捐钱吧。给另外一部分家庭寄去的信说，非洲有一个小女孩，她生活在哪个国家、哪个城市、哪个村庄，她的父母都很爱她，她长得很美丽，非常上进好学，但是现在她缺吃少穿，马上就要死了，您捐点钱呗。想都想得到，肯定后一封信获得的捐款数额比较高，事实是高了一倍。这说明我们仍然容易被一些具体的东西打动，我们不容易被数字打动。

但是，这就导致了世界上很多真相在我们眼里是扭曲的，我们找不到真实的原因了。

所以，即使文科生抱有善意，没有强烈的情感色彩，仍然没有办法了解世界的真相。这里并非是批判，而是全人类的共同特征。

再比如，很多人觉得坐飞机不安全，即使数字早就摆在面前，坐飞机是交通工具当中最安全的：飞机失事的概率是每年470万分之一，而被雷劈死的概率是190万分之一。说白了，飞机失事比被雷劈死的概率还要低。所以，有些航空专家说，坐飞机确实很危险，但是最危险的地方不是在飞机上，而是坐汽车去机场的路上。可是，很多人还是觉得坐飞机很危险，因为我们看到飞机失事的报道，而汽车撞死人或者哪条高速公路上发生了连环惨案，我们经常看到反倒熟视无睹了。这种信息传递的特征，以及我们培养出来的思维认知习惯，就导致我们扭曲了这个世界。

“9·11事件”之后，美国人都觉得坐飞机不安全，普遍选择开车出行。结果在很短一段时间内，美国全境发生交通事故的概率就大幅度上升了。无法用数字来理解世界，这是文科生思维的悲哀，但是文科生思维真正的缺陷是，他们认为这个世界只有是非和善恶，没有比较和选择。

可这也正是文人世界的魅力所在，因为我们可以毫无保留地投入那种浓烈的情感，做单向度的选择。在这个世界里，我们只能选是不会选非，只能选善不会选恶。“生命诚可贵，爱情价更高，若为自由故，二者皆可抛。”这就是文科生思维。一旦切换到理工科或者是经济学思维里面，把自由、爱情、生命搁在一块儿权衡比较，所有的美感马上就没有了，人格显得非常卑污。

越来越重要的机会成本

为什么要给经济学冠以“魔鬼”两个字？因为它没有正能量。但是，如果没有比较和选择的思维，现代世界的真相我们根本无法把握。这就牵扯到经济学中一个特别重要的概念——“机会成本”。

什么是成本？我们一般会认为，成本就是为买一个东西付的钱。这叫“会计成本”，机会成本比这个要复杂得多。我们在同一时间、同一空间选择一个东西，请问它的机会成本是什么？就是放弃其他选择的总和，这就是“机会成本”。

举个例子，今天晚上你选择吃一顿麦当劳，那么会计成本就是你买麦当劳的这十几块钱，因为这十几块钱花出去，它就不能派其他用场了，就放弃了其他选择，你可能就没钱去看电影了。

但是，吃一顿麦当劳，其实你放弃的东西远比这要多得多，因为今天晚上这一顿饭，你一生当中就这么一次。吃了麦当劳就意味着不能吃肯德基了，什么川菜、鲁菜、湘菜一概没戏了。这些放弃的东西加起来，就是它的机会成本。所以，机会成本不是一个可以算出来的数字，它是我们理解这个世界的一个概念。

那么问题来了，为什么文科生思维中没有机会成本呢？因为没有选择。文科生思维是在进化过程中形成的，进化的早期哪有什么选择？一个原始人看见一只兔子，抓不抓？不抓下一顿饭就没有了，也许会饿死，只能抓。即使到了农耕社会，一个农夫有什么选择？因为没有更多的职业，他只能选择春耕、夏耘、秋收、冬藏，换得第二年的粮食。

到了现代社会，如果我们还是按照此前的思维方式去生活和行动，有的时候就会显得很可笑。很多人家里都有老人，老人的思维习惯往往就停留在过去。比如吃饭的时候，看到有一道菜剩下了，他们心里就百爪挠心，即使撑坏了也要把它吃完。这在农耕社会当然是理性的选择，因为那个时候物资匮乏，可是到了现代社会，我们还有其他的选项。比如中午吃撑了，晚饭再美味也没法享受了。因为这个时候我们什么胃口都没有，我们也许就是放弃了另外一些更美好的东西。可是，家里的老人生活在过去的思维习惯中，没有看到这个选择。

在现代社会中，机会成本变得越来越重要，因为我们面临的选择几乎是无穷多的。比如一个年轻人现在下班了，一个哥们儿给他打电话说晚上一起吃饭、喝酒，还有一个姐们儿给他打电话约一起看电影。请问，他面对着多少个选择？表面上是两个，其实比这要多得多。他可以选择留下来加班讨老板的欢心，也可以选择上街去撩妹，还可以选择回家读书或者打游戏，或者去拜访一个他非常尊重的人，也或者上图书馆去听讲座。不管是吃饭、喝酒，还是看电影，他付出的机会成本都是高得吓人的。也就是说，他的认知水平越高，看到的世界的联络和协作越多，他的机会成本就越高。

这就是为什么现在很多创业公司，尤其是互联网创业公司，面对的其他选择越多，就会工作得越辛苦。这样的公司，员工往往会工作到夜里两三点，甚至是通宵达旦地工作。不是他们愿意工作，而是机会成本实在太高。

总之，机会成本不是一个具体的数字，而是一个理解世界的方式。本质上就是要认识到，任何一个选择背后都要付出代价。你如果忘了“机会成本”这个词的话，请记住经济学里最著名的一句话：“天下没有免费的午餐。”这句话不是说买什么都得掏钱，而是说所有的选择必有代价。

没有什么是值得不顾代价地去追求的

我们建立了机会成本的概念，再来看文科生思维，它的缺陷就很明显了。这是一个由是非、善恶构成的世界，有一些目标是值得不管不顾地去追求的。所谓“杀身成仁”“舍生取义”很符合我们的道德观，很正能量，但是它忘掉了代价。

举个例子，防治空气污染固然是一件好事，谁愿意呼吸脏空气呢？但是，如果我们非要让北京的空气质量回到三十多年前那样，代价是什么呢？代价就是经济，包括周边的河北、山东的经济，都要回到三十多年前。新鲜空气有得呼吸，饭就没得吃了，请问你怎么选呢？

当然，有些环保主义者会说：“我们并不是要毁掉经济，而是说那些排污量大的企业应该本着良心，购进一些防治污染的设备。”那不要花钱的吗？这笔成本加上去之后，这些企业就不赚钱了。不赚钱谁还办企业呢？经济还是得回到三十多年前，我们还是得在挨饿和新鲜空气之间选。面对这一选择，我们就要找到一个均衡点，那么就没有什么绝对的对和错了。

就像很多环保主义者指责中国煤炭用得太多一样，他们说得没错，可这是工业社会在现状下的最佳选择。别以为中国企业从来都是用煤炭的，以前是用木柴的，用木柴还不如煤炭干净。煤炭的燃烧值大约是同等质量的木柴的一倍，而且煤炭非常容易保存，不会像木头那样容易腐烂。煤炭还非常便于运输，也比木柴清洁得多，它已经是这个状态下我们最优的选择了。

在此状况下，一味地批评煤炭没有任何意义。就像还有人反对使用化肥，因为化肥会造成土壤的板结。这是不是事实呢？是，但是一旦禁用化肥，代价是什么呢？

化肥的使用也就是这一百多年来的事。在前现代化时代，人类能够养活的人口数量最多也就8亿，现在是多少？70亿。这么多人都是靠化肥实现的粮食增产，然后才能养活的。要是禁用化肥，那么就意味着人口要减少到8亿，会出现多少人间惨剧？而且，那8亿人口的生活质量跟今天可没得比，什么水果、肉、蛋、奶，普通老百姓想都不用想，过年、过节能吃上一口就不错了，那是富人的专利。这个代价我们愿意付出吗？如果不愿意，还扯什么反对化肥呢？

举个更纠结的例子，发生在美国。话说1962年的时候，美国有一位著名的女作家叫卡逊，她写了一本书叫《寂静的春天》。这本书在环保界有着《圣经》一般的地位，因为只靠出版一本书就切实地引发了一项社会变革，这是多么了不起的成就啊！这个变革就是全面禁用DDT。

DDT是一种高效的杀虫剂，对农业来说当然是好事，但是对环境却不是，因为它杀灭了大量的昆虫，甚至是鸟类。书名为什么叫《寂静的春天》呢？就是说在春天的田野和村庄里，再也听不见虫鸣鸟叫了，所以说这个书名起得很煽情。此书出版之后，在美国引起了轩然大波，甚至引发了很多人对环境崩溃的恐慌。美国政府不得已，只好宣布全面禁用DDT。后来，这股风潮刮到了全世界，全面禁用了DDT，包括中国。

它的代价是什么？美国没付什么代价，因为它的医疗保健水平都跟得上。可是，非洲大陆就惨了，DDT原本对疟疾是有抑制作用的。全面禁用DDT之后，仅在南非的一次疟疾大爆发中，就夺走了10万条人命。

“魔鬼经济学”系列书里提到，在全面禁用DDT的20年里，光非洲大陆因此而死亡的人就有2000万，等于一年100万。有人算过一笔账，每天有7架波音747飞机，上面装满了非洲儿童，每天失事，20年后失事人数才会达到2000万。到了2006年，国际组织就宣布，在非洲疟疾高发地区可以使用DDT。这个“毒药”又回来了。

所以，这个世界上真的有绝对好的东西、绝对坏的东西吗？没有，我们看到每一个选择背后的代价，然后用精密的计算，用理性去权衡，最后找到一个均衡点，没有什么东西是值得不顾代价去追求的。

再举一个我们身边的例子，中国二三四线城市都有新建小区。很多老百姓搬进去之后，第一件事就是团结起来，把移动基站赶走。移动基站就是我们手机信号的来源，很多老百姓觉得这玩意儿是电信辐射，对健康一定有摧毁性的影响，长年遭受辐射哪里受得了？而这些基站往往又属于那些不讨人喜欢的大国企，什么中国移动、中国联通、中国电信。他们一旦跟老百姓解释，老百姓就说："你们这些黑心企业，为了挣我们的钱、喝我们的血，完全不顾我们的死活。来，团结起来跟它们斗。"

这些企业是为了挣钱，谁愿意跟老百姓斗？我们搬走还不行吗？看起来这是好事，可是有没有代价？任何选择都有代价。在这个场景里，代价就是手机没有信号。2015年，我看到一则新闻，一个老太太刚刚喜迁新居，心肌梗死就发作了。儿女急得要死，但是手机没信号，走到小区大门外一公里才有手机信号，连忙打电话叫救护车。老太太的一条命差点丢掉了，这就是代价。

而且，这些老百姓不相信数字。有一些在电信部门工作的朋友说，跟老百姓家家户户地解释基站的辐射是微乎其微的，还不如家里Wi-Fi路由器的辐射大，可是没人信。老百姓不明白一个道理，就是移动基站的信号变弱的时候，手机搜索这个信号的功率就会变强，其实辐射是一样的。就算辐射会损害健康，也不是因为移动基站单方面的原因，但是老百姓才不管。

这个例子就充分暴露了文科生思维的两大缺陷：第一，我们不相信数据，不相信专家；第二，我们只相信有一个单向的好事，不相信背后的选择和代价。所以，文科生思维虽然符合我们的情感需求，但是它真的挡上了我们了解真实世界的眼睛。

前面我们把文科生思维痛批了一番，估计得罪了不少人。当然，你们也能看得出来，这里指的不是哪个具体的人或者是族群文科生思维，这是一种在我们每一个人身上或多或少都存在着的思维方式，这一点请大家理解。

文科生思维应该被彻底放弃吗？

话说到这儿，有两个很具体的纠结就出来了。第一个纠结是，既然文科生思维这么差，我们就应该彻底地放弃，然后转到理工科或者经济学思维那一边吗？万万使不得，因为人类价值观系统非常复杂，至少我就知道三套价值，就是真、善、美。我们这样是矫枉过正，片面地强调了求真应该用什么方式，毕竟还有善和美这两个维度，在这里面文科生思维就大有用场了。

就算超越了真善美，我们想办成一件事，就总得求得他人的协作。如果天天强调什么东西是对的、什么东西是真的，那么什么事都办不成，任何事都在协作之中。文科生思维对于产生社会协作、吸引更大规模的资源是至关重要的。越到互联网时代的深处，一个人是不是能写会说、情商高，就变得越来越重要。

这不矛盾吗？没错，人就是一个矛盾体，或者是一个纠结体。所以中国人说，人格修养的至高境界是圆融。圆融不是圆滑，是把各种对立的东西融合在我们的人格中，随心所欲而不逾矩，这才叫圆融。

2016年，我听过一句非常棒的话，是王朔说的：“第一等智慧总是自相矛盾。”转换成通俗的语境，不就叫圆融吗？这是第一个纠结。

第二个纠结是，理工科思维听着挺好，但不是每一个人都有能力做到凡事相信数据、通过上网查数据来获取真相的，因为我们每个人所受的教育不一样，拥有的时间也不一样。

那么，怎样贯彻理工科思维呢？就是相信专业人员，因为这是人类社会构成一个大协作体的基本机制，这个机制就是封装复杂、接口简单。

此话怎讲？就是说，人类社会的大协作不是乌泱乌泱70亿人全部在一块儿，你帮我，我帮你，而是形成了一个一个的模块，然后再组装在一起，其模块内部极为复杂，这就叫封装复杂。但是，模块和模块之间的接口变得非常之简单。

就好像电脑里面的元器件，科学原理何其复杂，但是无非就是分成主板、硬盘、内存等几个大的模块，社会分工也是围绕这些模块进行的。有一次与和菜头聊天，他曾经在航空公司工作过，他说：“什么叫修飞机？修飞机不是用螺丝刀来修每一个器件，而是看得出来问题，用机器一测量，说这个模块坏了，然后整体换掉。这才叫修飞机。”

我们唯一的生存策略：相信专家

既然整个现代社会是这么拼装而成的，我们唯一的生存策略是什么？就是相信专家。你可能会反驳说：“中国的专家不能信，那都是砖头的砖，他们都是忽悠你的。”带着这种不信任，我们在现代社会一天都活不下去。比如，你到医院去开刀，大夫进来了，你说“什么狗屁主任医师，我不信，把你的大学毕业证拿出来我查一查”。大学毕业证是什么？不也是医学院的专家对他的信任背书吗？你本质上不还是在信专家吗？

现代社会的本质就是一个协作和信任背书的网络，我们每个人都身在其中。你可能会不服，万一专家错了，不是辜负了我的信任吗？那也没有办法，就像前面反反复复强调的：任何选择必有代价，从来没有绝对的好和绝对的坏。

前不久，有一个朋友问我：“罗胖，你号称在搞知识服务。万一你说错了知识，不就误人子弟了吗？你怎么能保证在节目里说的一个都不错？”

我还真没办法保证，我能保证的是本着良心，把每一个知识点尽可能核实一下，拿不准的观点找高水平的朋友切磋一下再说。但是，我毕竟是个人，是人就会犯错，再加上水平有限，我如何保证不犯错呢？错了怎么办？我的建议就是认了。这不是在耍赖，是因为我也是在以这种方式面对我自己的世界。

比如，我非常喜欢万维钢先生（同人于野）的文章。他发布一篇我看一篇，因为我看得出来，他的文章中的资料、数字都是有来历的，是考证过的。万一他的哪个数字不对或者哪个观点是误信了传言，我该怎么办呢？我会保持对万先生的信任，与此同时，向未来展示我的开放性，因为这个知识点如果错了，在未来总有机会被纠正。国家还允许公开出版物有万分之一的错误率呢，错了一个字就把整本书销毁吗？不会的，再版的时候把它修订过来就好。

所以，求知的过程是一个极其漫长的、动态的、开放的过程，越是要求真，就越不能执着于真。

在现代社会，我们怎样做一个更好的自己，完成自己的认知升级，做一个更聪明的人、一个站在高处的人？我将自己在经济学的智慧中得到的启发，总结成了十六个字：承认代价，比较权衡，不问是非，只争高下。

03 | 经济学改变世界

流氓会武术，谁也挡不住

很多人可能会觉得奇怪，我不是经济学科班出身，为什么会对这门学科这么感兴趣呢？我的阅读经验告诉我，对经济学不见得要学到特别精深的程度，但是了解它的一些基本思维方法，无疑是一种改造自己世界观的最好武器。我们读一点经济学，接受了它的思维方法，就可以把自己从那种日常直觉中拯救出来，我们的世界立即焕然一新。

先给大家讲一个故事。经济学是怎么改造世界的，哪些经济学的核心概念是特别特别重要的，也许通过这个故事大家就能明白。

这个故事的主人公是一个经济学家，叫德索托，秘鲁人，生于1941年，在日内瓦上的大学。这个人一生有无数的大头衔：关贸总协定（WTO的前身）的经济专家、石油输出国组织的执行委员会主席、瑞士银行家什么顾问团的负责人等。他甚至还当过秘鲁的中央银行行长。但是，对于德索托本人来讲，他一生最重视的头衔却是一个普通的民间学术组织“自由与民主学会”的领导人。他一生都以这个组织的领导人为荣。

德索托是怎么改造秘鲁这个国家的呢？先简单介绍一下秘鲁。在地理上，秘鲁位于南美洲安第斯山脉以西，往南就是特别狭长的智利了，秘鲁就在智利的北边。它的东边是玻利维亚和巴西，北边是厄瓜多尔和哥伦比亚。

欧洲人没有入侵之前，印第安人在南美洲原来有两个帝国：北边的是玛雅帝国，位于今天的墨西哥一带；还有一个印加帝国，就在秘鲁。

为什么要这么费劲地介绍这个国家呢？因为它没有新闻，如今我们看不到这个国家的任何新闻。但是在20世纪80年代，这个国家的新闻可多了，因为它是很典型的失败国家。要说它没政府吧，它有。可是，这政府什么也管不了，遍地狼烟，时不时就有恐怖组织暗杀、爆炸、行刺这些事，自然而然就经常上我们的新闻联播。

这个国家为什么会闹到这步田地呢？因为一个组织——“光辉道路”。这名字听起来很高大上，但它的主要政纲还是那个年代非常流行的阶级斗争。这个组织的领导人叫古茨曼，他可不是个普通人，他是一个大知识分子，是秘鲁一所大学的哲学系教授。据说长得非常帅，而且长发飘飘，经常穿一件夹克，里面也不打领带，胳膊底下夹着一本书在校园里走来走去。那忧郁的眼神，那激昂的理想，让无数少男少女为之疯狂，把他奉为男神。他的口才又好，思想又非常新颖和新锐，在学生中的影响力特别大。

他有一个外号叫“香波”，就是洗发水的意思。这有两层含义：第一，只要接触到他，不仅洗头，还洗脑；第二，不仅洗脑，还能留下气味，让别人也闻得到，再间接地影响到别人。可见，这是一个什么样的人。

他非常有行动力和执行力，所谓“流氓会武术，谁也挡不住”。他不仅在校园里传播阶级斗争这一套理论，而且还深入秘鲁农村，去动员最底层的人民，渐渐地就搞出了“光辉道路”这个组织。

“光辉道路”兴起之路

“光辉道路”是怎么动员底层人民的呢？当时，秘鲁非常穷，70%的人都在贫困线以下。“光辉道路”就跟老百姓讲：“你们看，那个首都利马的军人政府也不管你们，把你们搞得这么穷，我有办法。你有病，我有药啊！”什么药呢？无非就是过集体生活，不要有私人产权这一套。

然后，对外争取主权。比如，秘鲁产铜，其他国家想要买秘鲁的铜，就是欺负和剥削秘鲁。他们都不是好东西，都是帝国主义，所以我们秘鲁要断绝一切对外的经济关系。

这不是祸国殃民吗？退出全球化之后，秘鲁想要富裕，老百姓想要过好日子，门儿都没有。我们中国人经过三十多年的教育，已经很清楚了，但是当时秘鲁那些普通农民哪里搞得清楚呢？一听说大家要抱团过日子，不让别人欺负自己，就纷纷拥护。

“光辉道路”也的确干了一些实在的事情，比如打击地主恶霸，谁有钱就把他给抢了。再比如，维护乡村起码的社会秩序，因为中央的军人政府管不了，没有那么大的力量。农民最恨偷牛贼，“光辉道路”经常组织人去抓偷牛贼，然后公审公判。这样一来，老百姓渐渐地就开始拥护它了。

刚开始，首都利马的中央政府根本就没在乎“光辉道路”做的这些事。一直到1982年，“光辉道路”已经遍地开花了，中央政府才开始注意到它，但是为时已晚。现在搞互联网的都懂，这种分散型的组织有着极大的力量。它跟政府军作战，玩的就是游击战那一套。

1982年，“光辉道路”已有能力直接和中央政府对着干了。那一年，它组织了200人的武装队伍，直接攻占了一座监狱，把所有犯人都给放了。此时，中央政府终于缓过神来想要对付它了，可是黄花菜都凉了，已经来不及了。形势就这么一直发展下去，从1982年到1990年，“光辉道路”整整折腾了8年。

它最鼎盛的时候，攻城略地，控制了秘鲁将近一半的领土，眼看就要拿下整个国家了。他们还通过各种各样的恐怖主义手段，比如爆炸、刺杀，直接针对利马的中央政府机构和官员。

他们还玩了一招邪的，用张扬的谋杀通知来威胁中央政府，比如“×年×月×日之前，×官员（×部长，×议员），你必须辞职，否则我们就暗杀你，计划已经做好了，你自己看着办”。

那些官员也是要养家糊口的，干吗拿命来玩呢？只好辞职。最高峰的时候，居然有70%的政府官员辞职，政府整个瘫痪掉了，眼瞅着这个国家就要落入“光辉道路”的手里。

北美洲的美国人看着也着急，但是山高水长，也拿它没有什么办法。美国前国务卿基辛格曾经说，“光辉道路”是西半球最凶残的恐怖组织，如果任由它发展，就会变成像亚洲“红色高棉”那样的组织。如果政权落到它的手里，秘鲁就会变成人间地狱。其实，所有人都知道这个局面，但是没有人能扼制这个局面的恶化。

经济学家完胜“光辉道路”

“光辉道路”最后是怎么完蛋的呢？这就要说到我们故事的主人公——经济学家德索托。德索托乃一个经济学家、一个手无缚鸡之力的文人，又不是手里握有国家军队的总统，又没有勾结美国人，让美国军队来干涉，他凭什么能够灭掉“光辉道路”呢？

要知道，像“光辉道路”这样的组织是非常难对付的，因为它首先有一套漂亮的理论体系，敢于向人民承诺一个光辉的未来。当时，“光辉道路”甚至承诺，要恢复印第安人、印加帝国昔日的辉煌。而且，它还有一套强有力的组织体系来保障它的战斗力。

要对付这样的组织必须两手都要硬，理论上有一套，实践上有一套，既有思考力，也有执行力才行。

首先，德索托有能力从理论上把“光辉道路”驳倒。德索托一生中最重要的一本著作叫《另一条道路》，我们现在看来是一个很普通的书名，而在当时秘鲁的政局中，它有一个清晰的含义：你们“光辉道路”主张一条路，我主张另一条路。你们所谓的光辉道路就是不要自由市场经济，退出全球化的协作体系，而我主张通过自由市场经济来实现这个国家的富强，这个国家绝对不可能靠你们的恐怖主义来达成富强。

试想，为什么说经济学观念有力量呢？政治看起来很强大，又有枪又有炮，但很多时候它依赖于人的直觉，或者说它依赖于人类几百万年的进化史所带来的那种感性的思维方式。比如，我们国家穷，一般人就会想，我们为什么穷呢？这总不能赖我吧？你看我天天这么辛苦，那一定赖某个人。“光辉道路”那一套理论，就是替百姓寻找这个替死鬼和背黑锅的人。我们穷，是因为地主恶霸，因为资本家，因为那些帝国主义国家要掠夺我们，把他们全部干翻，我们就不穷了。这套理论多么容易深入人心啊！

而经济学之所以有力量，正是因为它不这么看问题。经济学认为，人和人是一个协作系统，所以它考虑的是怎么样优化这个协作系统和资源配置。我们和富人、帝国主义国家都在一个协作系统里面。经济学家总是在思考：怎么优化这个协作系统？说白了，往往是从制度层面来思考怎样让这个国家变得富强。

经济学没有枪、没有炮，何以和“光辉道路”这样的恐怖组织打对台？这就是它的力量源泉。

德索托先观察了一下当时的秘鲁，这个国家为什么这么穷呢？然后，他组织了大量的学生，搞了大量的调查。调查来调查去，发现一个非常刺眼的现象：秘鲁这个国家非常奇怪，有大量所谓的“不合法的经济”：它有56%的市场是非法市场，不是政府的，也不给政府交税；有70%的房屋都是非法房屋，没有任何产权证明；有60%的食品完全通过黑市交易；等等。

这种非法市场居然将秘鲁将近80%的人口卷了进来，怎么会出现这么奇怪的格局呢？经济学家有能力从这个现象往后追，看看到底是为了什么。

表面的原因就是政府的法律体系太复杂了。这也很奇怪，法律体系复杂好像是发达国家常见的现象，一个发展中的穷国的法律体系怎么也会复杂呢？秘鲁政府有一年居然颁布了28,000条法律针对经济。可想而知，一个普通的老百姓如果想做合法生意，这个法律的迷宫他怎么可能穿越得过去？

德索托举了两个例子，一个例子是想办一家合法的农贸市场，整套手续办下来大概要花多长时间？要花13年。另一个例子是说如果拥有一片土地，想造一所自己的房子，办手续需要多久？21年。真是子子孙孙无穷尽也，只有具有愚公精神的人才能住上合法的房子。

所以，老百姓只能不合法，只能不走正经市场，沿街叫卖挣点小钱就算了。也不盖正经房子了，搭个窝棚就住进去，只要冻不死就行。因此，这个国家才到处是沿街叫卖的小贩，才全是贫民窟，这就是这个现象出现的原因。

德索托还做过一个实验，他派了一组学生到美国，然后留了一组学生在秘鲁。让两组学生同时注册一个微型企业，也就是一个裁缝铺，只有两架缝纫机，看看分别需要花多长时间。

在美国注册这样的企业一天就够了，在秘鲁呢？按一天跟政府打六个小时的交道来算，大概要花283天，而且还要花费1100多美元。这笔钱对一个只能开得起裁缝铺的穷人来说，简直就是天文数字。那怎么办？只好非法。这就是这个国家的非法经济特别庞大的原因。

说到这里，我们就可以追问一个更有价值的问题了：秘鲁作为一个穷国，为什么要搞出这么复杂的法律系统呢？它会增加社会运行的总成本，要耗费很多资源，会让穷国变得更穷，难道它疯了吗？

有两个原因。

第一，政府不够现代化，管制能力和边界就有限。有的时候，它只能增加自己管制边界内的负担。此话怎讲？我们举一个中国的例子。中国政府开征个人所得税，按说初衷很好，是通过政府之手让那些收入很高的人拿出一部分钱来补贴穷人。但是因为政府的管制边界有限，说白了，它收税的能力是有限的，什么样的所得税最好收？当然是那些在企业里工作的人，通过企业的代缴、代扣，这部分钱很容易收上来。但是，那些个体户、大富豪非常容易掩藏自己的财产，政府的收税能力够不着这种钱。长年运行下来，中国的个人所得税反而是由工薪阶级来承担的，没有起到“劫富济贫”的作用。我们且不说“劫富济贫”这事对不对，它的初衷就没有达到。这是政府的管制能力所限带来的一个结果。

这就很容易造成一种恶性循环：越是税收不够，就越要在自己能够控盘的范围内去收取。而越控盘，那些穷人就越要溢出。他们不愿意交税，不愿意做合法生意，越来越多的人就会加入地下的非法生意中，这就是当时秘鲁的困境。

第二，所有人都明白，无论什么政府，包括美国政府，有的时候总是有一种想多干事的冲动，要显出自己的存在感。

我曾经去一个政府单位办事，我前面有一个孕妇，她与政府官员的对话特别有意思。那个政府官员就是一个普通的办事员，也没什么级别，却很明显地在刁难她："你给我补一个××材料。"就像李克强总理在大会上讲的那样，"你要证明你妈是你妈"的那种材料。结果，那个孕妇特别厉害，说："我能跑那么长的路吗？我跑流产你负责吗？"那个办事员就说："那算了，别补了。"然后把事办了。那个办事员就是刷存在感，他不见得是为了贪污受贿。

再给大家举个例子，我有很多电视台的朋友，他们如果想当主持人的话，就必须参加普通话水平测试。谁都知道，一个好主持人跟一口好普通话之间没有一毛钱关系，为什么这个制度从一开始创立到现在，越搞越严格，越搞越大呢？就是因为政府要刷存在感。

政府本质上就是个生物，只要没有外在力量的扼制，它就会有冲动越长越大。这不是哪国政府的现象，古今中外，所有的政府都一样。所以，当年的秘鲁，在这两个原因中彼此激荡，最后搞出了一个这么可笑的结局，一年要颁发28,000条法律来管制经济。这个国家当然是一塌糊涂的。

产权保护为什么这么重要?

当年，我们故事的主人公德索托面对的就是这样严峻的情况，大量的地下黑色经济意味着什么？意味着这个国家的财富创造活动得不到产权保护。这是非常重要的一个视角，产权保护对一个国家富强有着重要的作用。

产权保护为什么这么重要？我们小时候学政治的时候，都说这是万恶的资本主义国家的法律，动不动就要坚定地保护私有财产。保护私有财产太重要了，如果没有这一条，有这么几个后果。

第一，正经的、有价值的财富创造活动就不会发生。比如，我的房子是租的，我为什么要装修？如果我现在建一所房子，没准儿哪天就被政府拆迁了，因为它是非法的。它的产权没有得到保护，那我为什么要好好地盖它呢？我们到很多第三世界国家旅游，比如埃及，首都开罗的郊区跟一大片烂尾楼似的，就是因为产权得不到非常好的保护，大家就不会认认真真干事了。

第二，定分止争的作用就没有了。产权保护就是让大家在市场交易中没有太多的废话，比如你这所房子得不到政府的保护，那么地主恶霸就有可能来霸占你的房子了。你向何处去投诉他，何处去告他呢？而定分止争之后，这个社会的运行成本、市场交易的成本就会大幅度下降，这个社会才有可能繁荣起来。

第三，只有坚定产权保护的作用，这个国家才能衍生出更为复杂的市场。举个例子，股票、期货这种金融市场，一定是在基础产权非常清晰的情况下，大家才能信任，我们才会变着花样做更为复杂的金融型交易。如果基础产权都不清楚，这个公司有几台机器我们不知道，厂房随时可能被拆迁，这个公司的股票有可能会值钱吗？所以，这种复杂的体系压根儿就演化不出来。

这就是经济学家德索托当年在秘鲁观察到的情况，现在症结找到了。可是，这不是秘鲁一个国家的症结，几乎全世界所有穷国的病根全在这儿。为什么德索托有本事把秘鲁拯救出来，而且要面对如此凶恶的敌人——“光辉道路”？他是怎么走出另外一条道路的呢？

德索托的另一条道路

20世纪80年代的秘鲁为什么又穷又乱，现在再简单梳理一下思路。任何古今中外的政府都有一个特性，它有一个本能的扩张冲动，更何况有一些层级的公务员还要贪污腐败，要权力寻租。

但是，这种前现代化的政府管制能力有限，怎么办呢？只好在自己能够管得住的地盘上大吃猛嚼，给它各种各样的苛捐杂税、繁文缛节，以及重床叠架的法律和法条规定。结果，那些合法商人觉得负担太重，只好跑到法律线之外去从事黑市交易，去搞地下经济。这就是秘鲁20世纪80年代的基本状况。

这就带来一个结果——恶性循环。里面的负担越重，外面的规模就越大，而黑市交易的规模越来越大，必然会带来三个结果：

第一，所有的生意朝不保夕，大家就不投资了，造好房子干什么？做正经生意干什么？

第二，市场交易费用奇高。

第三，任何高级一点的生意或者交易形式都无法发育出来。例如，一个农民拥有一块土地或者一所房子。如果政府给他合法的保护，他就可以把这块土地或者这所房子作为资产抵押出去，然后用拿到的钱到城里去做一桩正经的小买卖，整个国家的资本就被盘活了。

所以德索托曾说，秘鲁这个国家其实并不穷，大量的财富都堆积在那里，像一个高山湖泊。可是，这个湖泊现在是一潭死水，大家只能在里面打点鱼、划划船，搞一些初级的活动。如果用一根管子把它和山下连通，马上就可以造一座水电站。这个高山湖泊蓄积了大量的势能，一冲而下就能够带动其他的经济形式。他认为改革秘鲁的关键就在于把这个湖泊激活，而激活的关键就在于把那个法律之外的黑色经济、地下经济纳入法律的范围之内。

说白了，就落实到一个关键词上——产权保护。在1987年出版的《另一条道路》中，提出来一个完整的设想：我们能不能走自由市场经济，拯救秘鲁——我们的祖国？这本书就包含了前面讲的那套道理，以及德索托和他的学生在秘鲁做的很多调研报告。

这本书出版之后，影响力立即跨越秘鲁国境，在整个南美洲都造成了很大的影响。最重要的影响当然还是在国内，不仅是知识分子，甚至是贫民窟里的人都在谈论这本书。这本书写得有那么好看吗？像网络小说吗？不是，一本理论著作如果要想在底层民众中产生影响，一定是某一句话说对了，老百姓听进去了。

这个现象其实不难理解，古茨曼那些人讲的是，我们打翻眼前看到的一切——所有的都不好，然后我们给大家承诺一个美好的未来。而德索托讲的是一个朴实的道理：你们现在拥有的所有东西，甭管它是一片破地，还是一栋破房子，或者是一个破菜摊，国家都应该给予保护。

老百姓不笨，即使大字不识一个，这栋房子只要办下产权证，就可以得到国家的保护，就可以抵押出去或者卖掉，就可以获得一笔现金，去做其他小生意。而那个小生意获得了法律的保护，它就有可能长大。所以，老百姓要不要谈论它？

渐渐地，德索托这本高大上的理论著作，居然被街谈巷议开来。古茨曼作为一个哲学系教授，当然是有这个敏感度的。他拿起书一看，心说大事不好，我也要变招。所以，他一面在报纸上骂德索托把年轻人带坏了，一方面改变了他自己的政策。

原来在他控制的地盘内，是号召农民把地都交出来、把耕牛都交出来，搞集体主义。德索托这本书出版之后，他知道这一套玩不转了，所以也开始搞产权保护，这块地是你的，这块地是他的，我来保护你们。

他原来只是一个反对党、是一个恐怖分子，现在快变成黑社会了。黑社会的特征就是，政府管不到的地方，提供不了保护的地方。德索托逼着古茨曼对自己的政策进行了转型。

于是，德索托就跟秘鲁当时的中央政府讲：人民就这么多，你不要，恐怖分子可就要拿走了；你们要不要来加大力度，保护大家的私有产权？这是德索托在这个阶段起到的作用。

秘鲁的日裔总统藤森

《另一条道路》这本书发表于1987年，而“光辉道路”这个组织最神气的时候是在1990年。这中间的三年，是在等什么？等一个人，这个人也很重要，他就是秘鲁政坛上最重要的一个人——藤森。

藤森拥有秘鲁、日本双重国籍，他与家人在20世纪20年代原本打算从日本移民美国，因为当时日本富人一般都是移民美国的。结果，在夏威夷登陆后，美国人给他们检查身体，他父亲的体检结果不合格。没办法，他们只好沦落到了南美洲。

在秘鲁的银矿里面，中国的华工和日本的日工都是最卑贱、最苦的劳工阶层，藤森的父亲当年就是一名日工。后来挣了点钱，他就把儿子送去美国念书，念的是常春藤名校威斯康星大学。毕业回国后，藤森就开始当教授，后来又当了大学校长。

从藤森前半生的经历来看，他基本上就是一个学者，跟德索托和古茨曼的背景差不多。但是到了1990年，藤森突然宣布：我要竞选这个国家的总统。当时，秘鲁已经是一个烂摊子了，“光辉道路”已经占领了全国一半的领土，眼看就要把这个国家拿下了，所以谁出来竞选这一届的总统，那还真得有点理想主义精神。

一共有三个竞选人，一个是前任总统，当然没什么竞争力了，都是他把国家搞成这个样子的。剩下两个，一个是藤森，还有一个是诺贝尔文学奖得主略萨，是一个大作家。

一个大作家和一个大学校长竞争，谁的名气更大？当然是作家的名气大。但是，作家不容易下苦功夫，而藤森就愿意死磕。他不仅把自己的一部分家产变卖掉了，而且天天坐着拖拉机，在秘鲁的各个城市甚至是乡村演讲、拉票。功夫不负苦心人，1990年，藤森成功当选秘鲁——这个已经摇摇欲坠的政权的总统。

藤森为什么会当选？有各种各样的说法。有一个说法是，因为他长得像中国人。秘鲁当时民生凋敝，但是有一样东西非常火，就是中国餐馆。中国餐馆因为价廉物美、遍地开花，所以很多人就觉得中国人很富裕。中国餐馆在秘鲁语中就叫“chifa”，就是中国人“吃饭”二字的发音。藤森长得像中国人，中国人能带来经济富裕的希望，所以大家就选他了。藤森能当选更重要的原因是，他不断地承诺：一旦我当选，马上就会践行德索托主张的“另一条道路”。这当然就点燃了大家的希望。

1990年，藤森当选，而且马上着手改革。这个时候的藤森还不是一个有经验的政治家，只是一个知识分子。

要搞改革，就得有一套班底。德索托和他领导的自由与民主学会恰恰是这个时候最适合的班底。原来，这个学会仅仅是一帮知识分子在一起搞理论研究、发文章的地方，现在全部挪过来，做了国家这场改革的总参谋部。说白了，就是秘鲁当年的发改委。可见，秘鲁这场改革实际上的领导人，恰恰是经济学家德索托。

他的改革其实也很简单，就是两条：第一条，保护老百姓的私有产权；第二条，简化政府的各种审批手续。就是把该给老百姓的赶紧给了，不该政府管的立刻丢手不管。

当然，秘鲁的人口规模跟中国没法比，改革起来要简单得多。比如说，首先保证老百姓的私有产权，该发房产证的赶紧给人发，凭什么耽误个十几年？现在只要一个月，房产证就能办下来。所以到了2000年的时候，也就是藤森执政10年之后，秘鲁为190多万所房子颁发了房产证。原来的黑市有75%都已经转为合法的市场。再比如，减少政府的审批手续。到后来，藤森政府的办事效率跟美国政府也差不多了，原来注册一个公司可能要折腾一年，现在一天就够了，所有手续都给你办齐了。

而且，藤森和德索托还联手搞了一个电视法庭，叫“特别法庭”，每两个星期开一次庭。主持这个法庭的正是德索托和他的自由与民主学会的那些学者，总统经常亲自到这个法庭上旁听。

这个法庭是干吗用的？可不是一般的判案子、审犯人，而是把过去各种繁文缛节、重床叠架的法律拿到这个法庭上。只要是和国计民生相关的，就一条一条地过。但凡大家觉得这一条没必要，当场就废除掉。这可是电视直播，是当着全国老百姓的面发生的，所以大家对政府的信心迅速就恢复了。

比如，原来秘鲁人要结个婚，居然要在政府部门办20小时的手续，类似这样的法律当然要废除掉了。

藤森总统PK“光辉道路”

藤森面对的另外一个敌人，就是古茨曼带领下的“光辉道路”组织。藤森是怎么对付他们的呢？

其实，在秘鲁的乡村，对“光辉道路”也有一些零零星星的反抗。因为他们要搞集体主义，要把农民家的田收去，一些原来有财产的人当然就要抄起枪跟他们干了。

藤森一上台就宣布了一件事：所有跟“光辉道路”对抗的民间组织全部合法化，只需要到政府登个记。结果，瞬间就登记了7000个组织，有的组织可能只有两三个人、几条枪而已。“光辉道路”原来跟中央政府对着干靠的就是人民战争，而现在人民的枪口居然掉转过来，开始对付“光辉道路”了。形势在这个时候出现了逆转。

真正的逆转发生在1992年。当时，“光辉道路”气得要死，因为整个形势都在滑坡，而他们心知肚明，这跟藤森固然有关，但是最核心的敌人是经济学家德索托。所以，“光辉道路”成立了一个17人的暗杀小组，专门对付德索托。1992年7月，他们搞了一个针对自由与民主学会总部的汽车炸弹事件，当场炸死了三个人。这帮教授早就知道，“光辉道路”肯定要来暗杀自己，所以早有防备，基本上没受什么损失，但是德索托差点死在这场爆炸案当中。

自由与民主学会这帮知识分子是有头脑的，马上就宣布，“光辉道路”不行了。因为在理论战场上他们已经失败了，所以他们现在狗急跳墙，居然要对我们这些知识分子下手了。

这场爆炸案是在7月发生的，8月，藤森就把“光辉道路”总部给来了一个包抄。怎么回事呢？藤森政府上台之后，成立了一支秘密警察部队，专门针对“光辉道路”的头领，就是古茨曼那伙人，秘密地进行调查。

他们觉得古茨曼这帮人应该不在秘鲁农村，而是藏在首都利马的某处，而且据一些情报显示，他们就藏在利马的富人区。所以，秘密警察们就天天在富人区扒垃圾筒，寻找蛛丝马迹。后来，在一些伏特加酒瓶子和一些香烟的烟嘴上面找到一些线索，马上就包围此地，当场就把他们按住了。

也真是天要绝“光辉道路”，当天他们正在开中央委员会的全体会议，8个头儿到场了7个，全部让警察带走了。那个又瘦又帅又有思想的古茨曼从此沦为阶下囚。据说，他现在还活着，虽然他死不悔改，但是“光辉道路”经此一劫，永远丧失了战斗力。

三个主人公，命运各不同

我们把20世纪秘鲁这个国家几十年的历史，简单给大家做了一个交代，现在大戏落幕了，其中的三个主人公命运各不相同。古茨曼先生就是再帅，这辈子也得把牢底坐穿了，因为他所代表的那一整套暴力思想，以及“光辉道路”这样的恐怖组织是要被扫进历史的垃圾堆的，这样的人是不值得同情的。

藤森后来的故事也简单讲一下。他执政了10年，2000年的时候，不知道他哪根筋动了，突然借在文莱召开APEC领导人会议的机会，飞回了日本，因为他有双重国籍。2002年，秘鲁以挪用公款的罪名，对流亡日本的前总统藤森发出了国际逮捕令。2005年之前，他就一直在日本政治避难。

但是，藤森又不甘当一个普通人，这就是政治家的一个特点。2005年，他又跑回南美洲，号称要参加那一年的秘鲁总统大选。他第一站没敢到秘鲁，跑到了秘鲁的敌国——智利的圣地亚哥登陆。

智利政府听说来了这么一个烫手山芋，他下了飞机就被抓了起来。后来，经过一系列的外交折冲，把藤森引渡给了秘鲁政府。于是，他也成了阶下囚。现在他也活着。

我相信未来的历史对他的评价会出现两极分化。有的人会觉得他就是个独裁者，这也是事实。也有人会觉得，他毕竟带领这个国家走上了另一条道路，这个国家的经济起飞是由他奠定了制度性的基础。所以，他是好人还是坏人呢？

确实，20世纪的历史有这么一道独特的风景——“二战”之后很多第三世界国家完成经济崛起，往往背后都有一个强人的影子。你说他是好人还是坏人？比如东亚的韩国，中国的台湾地区，新加坡，南美洲的智利、秘鲁，都是这种情况。

这种强人的是非功过在历史上怎么评价，我们得等着看。藤森稍可自慰的是，他的女儿藤森庆子现在仍然活跃在秘鲁的政坛上，接过父亲的钢枪，仍然在战斗。

这个故事真正的主人公德索托的下场又怎么样呢？

他后来当上了秘鲁国家中央银行的行长，现在仍然是一个蜚声世界的经济学家。也许大家会觉得很奇怪，他不是跟藤森是一伙的吗？后来，藤森的政敌在清算这个政府的时候，怎么就没有挤对德索托呢？还真没有。

1990年藤森上台的时候，其实邀请过德索托，让他直接来当总理，可是德索托不干。这是明智之举，我就是一个学者，我当好你的改革办的参谋长就可以了。

藤森其实也挺难受的，因为当时有一个调查，秘鲁最有影响力的机构一共有四个：第一是总统府，第二是军队，第三是教会，第四就是德索托领导的自由与民主学会。

他的政敌经常骂他：“你根本就不是总统，你就是个傀儡，所有改革其实都是德索托干的！”所以，藤森私下也经常说德索托的坏话，这也是人之常情，大家都可以理解。

但德索托特别聪明，该退的时候他就退了。1992年的时候，藤森干了一件事情，这件事情可能在整个人类历史上也是仅此一例，就是自我政变。

藤森是什么人？他是一个文人的民选总统，但是几年之后，他居然有本事串通军队搞了一次政变：把议会给解散了，把《宪法》也修改了，把很多保护自由权利的法律给废除了，甚至把很多议员都给赶走了，把最高法院的法官也撤换了；他自己集立法、行政、执法大权于一身，变成了一个独裁者。德索托一看风头不对，就辞职不干了。

1996年，自由与民主学会的学者全体急流勇退，从政府序列当中撤了出来，还原回一个学术机构的本色。这才是最难的事情。要去当官的时候，兄弟们自然愿意跟着上，可要撤的时候，大家愿不愿意跟着撤呢？要知道，这可是1996年，藤森的地位如日中天，距离他倒台还有4年时间。难道德索托能够未卜先知吗？就像我们中国古代的故事里面的范蠡，知道可以助勾践大王成大业，但是此人只可共患难，不可共富贵，所以飘然远隐去做生意了，当了陶朱公。德索托是不是也有这个本事？

其实不一定，一个学者只要他初心不改，就不见得愿意跟政治掺和那么深，一看这个国家在制度上已经上了轨道，他还有什么作用呢？当然就回去搞他的学术研究了。后来，秘鲁的政治动荡对这帮学者没有什么影响。

怎么做才是一个好的经济学家？

我并不是想说德索托有多少政治智慧，而是想通过他的故事来问一个问题：怎么做才是一个好的经济学家？

中国的经济学家太多了，满坑满谷都是，忙着参加各种各样的论坛、会议，发表学术著作，动不动就说："我觉得央行这个利息该调了。"老百姓听起来总觉得莫衷一是，似是而非。他们之间还吵架，我们该听谁的呢？在这里，我给大家几点建议。

按照我们中国古代的说法，一个知识分子好不好有三个标准：立德、立言、立功。

先说立德。很多经济学家都自我标榜说，自己是替穷人说话的，所以自己是一个有道德的经济学家，血液里全部流着道德的血，富人们的钱都应该归穷人。听起来好像有道理，但是在这方面，我更加信服茅于轼老先生说的那句话："我替富人说话，但是替穷人办事。"

经济学家的道德不是贫富之争，因为你是一个学者，而一个学者的道德主要看他治学的方式。20世纪的经济学界有一个思潮，就是批判"黑板上的经济学"。什么叫"黑板上的经济学"？就是一脑子的公式，天天只会在纸上、黑板上做数理推演，对真实生活中的经济交易既没有能力去调查，也毫无兴趣，这就叫"黑板上的经济学"。

而德索托可不是这样的人，他明明看到秘鲁政府的效率低下，但是他不满足于这样一个定性的判断，偏要搞定量的调查。所以，他派了两组学生搞对照组，一个在美国，一个在秘鲁，最后拿出真实的数据作为结论来说服公众。这就叫"用脚做学问"，是搞田野考察这一派的。

后来还有一件事，他当秘鲁中央银行行长之后，有一次到印尼的巴厘岛去度假。当地政府一看来了一个世界著名的经济学家，就用专机把他送到雅加达，给印尼的内阁成员做了一场演讲。德索托讲的还是那一套，你们国家要想富，一定要保护穷人的产权，等等。印尼的内阁成员就有人说："穷人的产权不是不想保护，只是太复杂了，搞不清楚。"德索托说："谁说搞不清楚？我刚刚从巴厘岛来，我闲来无事，到农村的农田里去散步。我作为一个外人，我当然搞不清楚哪片田是哪家的，但是谁知道？狗都知道，我从这家的田走到那家田的时候，这家的狗就不叫了，换那家的狗开始叫。狗都知道的事情，分清楚有那么难吗？”这种经济学家就经常从现实生活中，再反过来思考那些经济学高大上的问题。

“经济解释”这套书的作者张五常先生也是这样的人，他年轻的时候学经济学面对过一个问题。这问题本身很复杂，简单地说就是：一个养蜜蜂的和一个种果树的，他们之间应该谁给谁钱？因为蜜蜂养多了，对于果树的授粉、开花、结果肯定有好处。而果树养多了，对蜜蜂采蜜也有好处，他们之间应该谁给谁钱呢？

这是一个很有趣的经济学问题。张五常先生为了搞清楚这个问题，居然就一脑门子扎到了华盛顿州那些养果树和养蜜蜂的人群中，后来成了半个养蜂专家和果树专家。

再比如，他后来为了搞清楚一个经济学问题，居然亲自去卖橘子。后来，他还写了一本书，就叫《卖橘者言》。他后来还在中国大陆，跑到玉石市场、菜市场做了大量的研究。张五常的书不是那种“黑板上的经济学”。“经济解释”这套书中没有一个数学公式，全部是来自对现实生活中经济交易的思考，而这些思考非常鲜活。这就是有道德的经济学家。

再来说说立功。“活着就为改变世界”，这句话人人都听说过，也确实是人之常情，经济学家也不例外。但是，经济学家立功有两套做法。第一套做法，我们经常看得到，就是登台演讲，念兹在兹的都是那些政府工作的技术细节。比如，“我觉得利息该调了”“存款准备金率现在不大对”“人民币是不是该贬一贬了”。

也不能说这不是经济学家应该思考的问题，但是如果你的思维仅仅局限在这些上面，你还是经济学家吗？你就是一个编外的政府官员。说白了，你的全部心思就在于要当一个政府的师爷，是幕僚。讲得好听一点，你是国师，但您介入政治太深了。

而像德索托先生那样，对社会经济那种结构性的缺陷进行了最深刻的洞察，然后用自己的智慧和理论把这个国家扳上制度性的正确轨道。这才是经济学家该干的事情，这是另一套立功的做法。

张五常先生也是这样一个人，你什么时候听说他在中国到处去演讲、在讲中央政府该怎么干、在给中央银行支着儿？但是，在中国过往三十多年的改革开放的历程中，我们在关键时刻总能看到这位老先生的影子。

20世纪80年代初，中国人还不知道市场经济是怎么回事的时候，张五常先生在国际经济学界就做出了一个判断：中国肯定会走上市场经济的道路。这比我们正式宣布走市场经济道路早了十几年。

再比如，中国高层中形成的那个自由市场经济的概念，得益于弗里德曼先生访华。弗里德曼是美国的著名经济学家，而这次访华就是由张五常先生促成的。

最后一个标准是立言。经济学家是以写文章、发表言论为本职工作的，所以这自然是最重要的一个标准，也是最难的一个标准。我们都是外行，经济学家经常说的那些话我们都听不懂。作为一个外行，怎么能判断他们说的是对是错，是不是一个好的经济学家呢？

当然，我没有这个能力，我请教了很多经济学家，他们基本上给了我两个标准：第一个，他是不是主张保护私有产权；第二，他是不是主张自由交易。说起来很简单，具体的道理前面都讲过，但你不要以为这两条很容易，一旦回到具体生活中，就很容易犯糊涂的。

比如德索托，他现在在世界上行走，很多第三世界国家都请他去演讲。他万变不离其宗，就是一句话：保护穷人的私有产权。听起来好像是一句很枯燥的话，但这背后的道理深了去了。有人给德索托起了一个外号——“产权民粹主义者”，说他就会这一套，别的都不会，有本事写一个公式给我们看看。这就是不知道什么叫经济学家立言的根本。

张五常先生就经常在一些真实世界的案例中，说一些让别人觉得匪夷所思的话。比如，他坚定地反对《劳动合同法》，坚定地反对所谓的《城镇职工最低工资标准》。听起来，这些不都是保护穷人的做法吗？你这个老头是不是在替资本家说话？其实，我们只要稍微一深想，就能明白张五常为什么这么说。因为雇佣也是一种交易，这种交易的自由度也应该得到保护，而不是用什么《劳动合同法》《城镇职工最低工资标准》来干扰它。一旦干扰就会产生恶果，这个恶果不仅会落在资本家的头上，更多的恶果会落在劳工阶层的头上。

但是，作为一个经济学家，敢于大声疾呼，不从流俗，和主流意见相抗，也是需要勇气的。张五常先生从中国搞《劳动合同法》那一天一直喊到今天，背后的道理其实也很简单：作为一个经济学家，他恪守保护私有产权、支持自由交易这两条标准的金线。

第三章

创新，升级认知的工具

坚持做，持续地做，系统地做，用死磕的匠心精神去做，这本身恰恰就是创新。

01 | 创新就是这么简单

万众创新是痴人说梦?

最近流行一句话，叫“大众创业，万众创新”。我的一个朋友批判这句话说：“‘大众创业’还有那么点道理，你看现在很多创业者是90后、草根。可是，‘万众创新’这个提法有点扯吧？普通老百姓没有知识、没有条件、没有资源，搞什么创新？尤其是对国计民生、科研突破有重大意义的创新，指望老百姓不是痴人说梦吗？”

我就跟他抬杠：“我的观点正好跟你相反，‘大众创业’那才叫扯，别说是普通的草根，就是跨国公司的高管创业，成功率其实也很低。但是，‘万众创新’是事实，这才是创新的本来面目。”

举一个例子。中国人最自豪的四大发明之一的造纸术，是蔡伦发明的。蔡伦是什么人？是个没有什么社会地位的宦官，他不也搞出了彪炳千古的创新吗？

这就要说到中国的教育，我不知道现在的小孩如何，至少我们这一代人上中学的时候，觉得创新就是做难题。做难题这件事情给我们留下了一个心理阴影：这道数学题我做不出来，就是做不出来，而且我根本就不知道哪条道路可以通向正确答案所在的彼岸；我也不知道这条道路有多长，我只能坐困愁城。

所以，一旦看到那种好学生、尖子生把很难的数学题或物理题做出来，我们对他们除了佩服，还能有什么办法呢？这种教育制度把“创新”变成了一种妖里妖气的东西。这也是中国人一贯看待创新的视角。

中国古代最聪明的人是谁？应该算是诸葛亮。可是，《三国演义》里面写诸葛亮的创新，都是他老人家夜观天象，然后知道了哪天要刮东风。我们这些普通老百姓以什么样的道路，抵达那个创新的彼岸呢？所以，我们除了崇拜，什么招都没有。

鲁迅先生在评价《三国演义》的时候讲了这么一句话：“状诸葛多智而近妖。”就是说作者描写诸葛亮有智慧的很多方式，是把他当一个妖怪来写。这给我们这一代人留下了一个心理阴影，老觉得创新就是一个彼岸。它是一个白胡子老爷爷戴着眼镜，穿着白大褂，在实验室里摆弄一些乱七八糟的仪器，搞出一些我们普通人完全无法掌握，甚至连理解都理解不了的东西。

我们听到的科学家的故事，要么是牛顿，那是一个苹果砸下来就顿悟的；要么是爱因斯坦，爱因斯坦搞出相对论的时候，同时代的大科学家都听不懂。这些人就是外星人。

但是，我恰恰想说的是一个相反的道理——创新没有那么神奇，它真的很可能产生在“万众创新”这样一个环境中。

借用医学故事来说创新

医学界有一个老爷子叫裘法祖，这是中国所有外科医生都认可的泰山北斗级的人物。什么人才有资格当医生呢？裘法祖老爷子留下了两句话。第一句是“德不近佛者不可以为医”，就是你个人的品质、道德不像佛祖那样慈悲，你就不可以当医生。第二句是“才不近仙者不可为医”，就是你的才能不像神仙那样，你就不能当医生。

我觉得这老爷子把这两句话作为自己的座右铭和对学生的教训，完全可以理解，也是对的。但是，真实生活中的好医生真的是这样吗？真的有佛祖一般的道德、神仙一般的才能吗？

我在看了《医生的精进》这本书后，才觉得我对医学的理解有了另外一番境界。

这本书的作者叫葛文德，是美国大名鼎鼎的外科大夫、《时代周刊》2010年全球100位最具影响力人物榜单中唯一的医生。

“葛大夫”的成长经历跟我们中国人不大一样，他第一所大学上的是美国西海岸的斯坦福大学，两年后一下子跳到了大西洋的彼岸，跑到牛津大学拿到了哲学、政治与经济学的学位。还不满足，1995年，他又突然回到美国，到美国的东岸的哈佛大学拿到了医学博士学位。这么大的学科跨度，我们中国学者往往是很难想象的。

而这位“葛大夫”在27岁的年纪就当上了克林顿政府的健康政策顾问，奥巴马政府的健康政策顾问还是他。“葛大夫”特别会写文章，长年在美国著名杂志《纽约客》上写专栏。这个专栏好到什么程度？美国大富豪巴菲特老先生有一位大富豪合伙人，叫查理·芒格。他有一次在《纽约客》上看到“葛大夫”写的文章后大为赞叹，马上签了一张2万美元的支票就给他寄过去了，可见“葛大夫”的文章写得有多好。

他一生写过很多著作，其中一本叫《医生的修炼》，一本叫《医生的精进》。这两本书里面讲了大量医疗的话题，我只是想从中讲几个小故事，来帮助大家理解什么是真实世界里的创新。

洗手：创新并非都是重大突破

我们先说第一件事，洗手。我们都知道，洗手为了防止病菌感染，不光医生自己洗，还要求病人也洗，这是一个普遍的常识。但是，洗手可是困扰了医学界150年的话题，而且至今也没有结束。

让我们回到150年前的维也纳。在我们中国人眼里，维也纳就是一个普通的旅游目的地，有好看的房子，有好听的音乐。但是在19世纪中期，维也纳几乎就是欧洲的首都。为什么？我们得从政治格局上看。

19世纪初期，拿破仑失败之后，奥匈帝国出现了一个伟大的外交家、政治家，叫梅特涅。他通过外交手段，拼凑出了一个叫“神圣同盟”的机构，控制住了拿破仑时代之后的欧洲秩序。当时，有人送了这个机构一个外号，叫“布娃娃帝国主义”。就是看着很强大，其实是个布娃娃，在力量上不太行。但在那个阶段，奥匈帝国就是欧洲的核心，维也纳自然也就是隐隐然的欧洲首都，文化极其发达。

当时，维也纳有一家维也纳总医院。这家医院不是普通的收治病人的医院，而是一家研究型的医院。这样的医院肯定是医疗效果最好、安全性最有保障的，因为医疗设备最齐全，医护人员水平最高。

当年的维也纳总医院，其他的病房都很正常，唯独产科病房的死亡率奇高，达到了10%。当年的欧洲妇女和中国妇女一样，都知道生孩子是鬼门关，但是10个人进去，就有1个不能活着出来，这也太吓人了。维也纳妇女宁愿去一些小诊所生孩子，也不去这家大医院。

而这家医院里面最倒霉的大夫叫塞麦尔维斯，因为他负责的产科病房，产妇的死亡率在这家医院里又是最高的。“塞大夫”觉得冤枉，因为其他产科病房都是助产士看管的，唯独他的病房是他自己看管的，如此尽心，死亡率却是最高。他百思不得其解，一心想把这个原因查出来。是不是通风设备不正常？是不是我们的接生流程出问题了？最后，他把一切流程都标准化了，甚至连接生孩子的动作都跟其他医生保持一致，但是死亡率依然没有降下来。

一个母亲刚刚生完孩子，高烧不退，呕吐、恶心，过了几天就死了，这是家庭的伦常惨剧。我们今天都知道，这就是典型的产褥热，是产后致病菌侵入女性生殖器官而引起的疾病，但是当时的人不知道。

我们人类知道微生物的存在是17世纪的事情——列文虎克制造了一台显微镜，发现在放大透镜下能看到这些小生物。但是，这些小生物和人体疾病之间的关系，一直到19世纪中期，我们其实还是不清楚的。

塞麦尔维斯死活都找不到原因。有一次，他出门四个月，到其他医院去考察、学习。他不在医院的这四个月里，病房产妇的死亡率居然下降了！说白了，原因就在他自己身上。

他琢磨来琢磨去，发现有可能是自己这双手惹的祸。我们前面讲到，维也纳总医院不是普通的医院，是一家研究型的医院，很多大夫都是学者，而当时的医学学者往往都要解剖尸体。他就开始怀疑，是不是在他解剖尸体的过程中把什么东西带进了病房，带到了产妇身上，导致了这种疾病？

然后，他要求自己病房的所有助产士在接生之前都要洗手，而且是用那种绿溶液进行洗手。说白了就是消毒，看看能不能解决问题。

这一招果然奏效了，他病房里的产妇死亡率立即从10%下降到了1%。他觉得找到病根了，虽然他未必知道那是什么微生物，但知道洗手这一招管用。于是，他就从1847年开始在维也纳医学界宣传这件事情。1850年，在维也纳医师公会的一场演讲当中，他把产科病房死亡率居高不下的谜底揭开了，说其他医生："你们如果不洗手，就是罪人。你们以为那些产妇是怎么死的？就是我们这些医生亲手把她们葬送的！"

医学界顿时哗然，谁都不肯承认这一点。我们医生是什么人？我们悬壶济世，我们治病救人，你现在把这个责任归到我们身上？所以，大家就把他轰下了台。光下台还不行，维也纳总医院也容不得他，把他解雇了。

塞麦尔维斯的情商特别低，想说服别人，完全可以用一个别人容易接受的方式。可他偏不，动不动就给别的医生写信，说人家不洗手就是屠夫，就是这场大屠杀的同谋者，等等。

当然，他后来又找了一份工作，在匈牙利的一家医院。在那家医院，他天天站在洗手池旁边看着别人洗手。他又不是院长，凭什么制定这个规定呢？所以，他的同事们心里越腻烦，就越加不洗手。

推广洗手这件事情，塞麦尔维斯持续了十几年都未见功效。但是，到现在为止，医学界仍然公认他为流行病学的鼻祖，因为这件事情是由他发现的。

医学界正式意识到洗手的重要性，要到20年之后，主要归功于两个人。一个是法国人，现在我们还经常看到他的名字，就是巴斯德——鲜牛奶杀菌用的巴氏杀菌法就是他发明的。这个人是医学界的奇才，微生物和致病之间的关系就是他发现的。

还有一个功劳很大的人，是英国医生李斯特。这个人的社会地位很高，因为他是英国维多利亚女王的私人外科大夫，他说的话大家自然就听得进去。1867年，李斯特发表了一篇论文，正式地、严谨地阐述了洗手消毒和病人致病菌感染之间的关系。这才算在医学界形成了一个共识：外科大夫做手术、照顾病人前后，一定要洗手消毒。

我们不妨算算看，距离1847年塞麦尔维斯提出这个问题到此时，整整20年才形成这么一点共识。你以为故事就此结束了吗？没有，直到今天，在医院里洗手消毒仍然是一个大问题，因为医院是社会的一部分。在那么小的建筑物里面，有医生、病人、护士那么复杂的互动关系，要把洗手这一件小事坚持到底，其实是很难的。

现在，好医院的外科手术室里面，杀菌消毒一定是非常严格的。从病人用的被单，到医生的帽子、口罩、手术服，包括双手、手术器械，都是要严格消毒的。但是，出了手术室进入病房，甚至医院的大厅里，都是病菌非常集中的场所，要求每一个人都按照严格规程去洗手，太难了。

病菌往往存在于我们手部皮肤的深层，用普通的肥皂根本就洗不掉。如果你经常去医院，会发现有所谓的“七步洗手法”，大概的过程是这样的：首先把手表、戒指全摘掉，然后用杀菌肥皂在手上涂满泡沫，一定要涂到手臂上三分之一的位置；15~30秒后，用水龙头冲洗30秒；然后用无菌毛巾擦干，再用毛巾把水龙头拧上。这么复杂的流程一般人哪有这个耐心？在没有监督的情况下，一般都是能省几步就省几步。

有人算过，如果一个医生或者护士严格按照这个流程洗手的话，那他一天几乎什么也不用干了，洗手就会占用他三分之一的工作时间。而且，人们的皮肤也受不了，会得皮炎，反而会滋生细菌。所以，这是一个很难执行下去的流程。所以，直到20世纪，大医院里面病人的细菌感染率一直都降不下来。

最后是怎么解决的呢？《医生的修炼》这本书里面举了一个例子：美国匹兹堡的一家医院，居然在很短的时间里，就大幅度降低了病人对细菌的感染率，有的细菌品种感染率甚至为零。这太神奇了，怎么做到的呢？

这跟医疗设备的升级、重大的理论突破没有任何关系，就是通过日常细碎的管理做到的。新上任的院长说：“我们要把医院的感染率降低作为首要目标。”大家就头脑风暴，医生、护士、病人凑在一起就得出了很多方案。这些方案每一条都平淡无奇，谈不上什么重大的创新，但是如果一条一条做到了，它就管用。

比如，那个高浓度的酒精凝胶的挤液器，有人说数量不够，没关系，买；有人说摆放的位置不合理，没关系，调整；有的护士看见医生不洗手，平时不大好意思提醒，现在咱们就发扬医风、医德，提醒一下；还有的护士从来不忘记洗手，这样的人一定要立为典范，给大家传经送宝。再比如，把各个科室、各个场所洗手的状况，作为考核指标纳入医院的总体管理的标准等。

我们在中国的工厂、公司到处可以看到的办法，居然让这家医院登上了人类医学史的顶峰，居然把医院的感染率降低到近乎零的程度。这不是创新，什么是创新呢？

且慢，我们一般都以为，创新都是重大突破，但是在洗手和医学这件事上，我们会发现一个规律：在重大的原理搞清楚之后，我们仍然要花将近150年的时间，把这个创新落实到地，最后它才能变成一样人们可以享受其福祉的创造和创新。有的时候，创新就是这么简单；有的时候，创新就是这么难。

产钳：创新不等同于高科技

我是想用洗手这个例子来说明，人类医学的很多重大进步和创新，和什么科研大突破、智力大爆发没有什么关系。一旦追溯到源头，往往只是一个很不起眼的小发现。但是，只要持之以恒做到极致，最后拯救的人命也不少，这就是实实在在的医学创新。

再举一个例子，产科可能是人类医学中最古老的一个部门了。为什么产科这么重要呢？因为人类自从直立行走之后，生小孩就变成所有物种中最困难的一个。

生孩子的时候，母亲的产道要打开到一个婴儿的头部可以通过的程度，大概是10厘米。仅仅是生产过程痛苦也就罢了，最后母子平安也是一桩喜事。可是，在过去医疗技术还不发达的时候，妇女生孩子往往是过鬼门关，因为还有难产。难产往往是婴儿太大，头部出不来，或者是胎位不正。

正常的胎位是婴儿的头部先出来，然后是颈部，接着是肩部。但是，很多时候是屁股在下面，叫臀位。臀位又分很多种，甚至还有一种古怪的体位，叫膝位，就是婴儿要跪着出来。这怎么生得出来？

我们在很多狗血电视剧里面经常能看到这样的情节，接生婆问家里的人："现在难产了，你们是要保大人还是保孩子？"听着好像是一道选择题，但是往深一想，这是多残酷的事情啊！

欧洲的产科医生发明了一种碎颅钳。在选择保大人还是保孩子的时候，一般有人性的肯定是先保大人。孩子虽然也是个活物，毕竟将来还能再生。医生就会把这种碎颅钳伸到母亲的产道里面，把新生儿的头部活活捏碎，然后再把碎片取出来，来保大人的平安。

举个例子，19世纪早期，英国王室就遭遇过这么一幕惨剧。当时，英国国王乔治四世有一个独生女儿——夏洛特公主，她也是王位的继承人。夏洛特公主最后就是因为难产而死的。她生了四天四夜，因为胎儿太大，重达4千克，实在生不出来。孩子生出来的时候就已经死了，6个小时之后，夏洛特公主也死了。

这件事情对英国当时上上下下的刺激都非常大，社会舆论疯狂地谴责那个接生的医生，他最后不得不开枪自杀。这件事情也影响到英国的王位继承顺序，乔治四世没有继承人，只好把王位交给了他的弟弟威廉四世。威廉四世死了之后，又交给了他的侄女，也就是维多利亚女王。为什么英国最鼎盛的19世纪被称为维多利亚时代？就是这么来的，如果夏洛特平安产子，那么本来应该叫夏洛特时代。

这个现状后来是怎么改变的呢？仅仅是因为一个特别不起眼的工具的发明，这就是产钳。现在在医院的妇产科都能见到，就像一个大号的蛋糕夹子。它的作用就是伸进产道，固定婴儿的头部，然后一点一点地把婴儿抠出来，就是这么一个简单的发明。

它的发明者是17世纪的一个医生——钱伯伦。但是，整个家族严格地保守着这个秘密，作为他们家的独门绝技。当时的很多富家大户发现，钱伯伦医生接生的成功率很高，都花重金去请他。他来的时候往往是乘一辆马车，下车的时候抬下几个雕花的大箱子，里面装的就是他们家制作的产钳。抬到产房之后，让产妇的家人都出去，不能偷看他的独门绝技，甚至产妇也要用一条床单盖上，然后他蹲在底下操作。

产钳的秘密，钱伯伦家族保存了好多代，直到18世纪才被泄露出来，19世纪才被大规模地推广运用。在过去几百年里，产钳救了无数妇女的命。今天，很多大医院的产房里那些光怪陆离的机器、瓶瓶罐罐的药水，所有这些东西加起来，对于产妇的生命安全来讲，意义都不如一把产钳来得重要。

产钳有什么高科技含量呢？不过是一把大号的蛋糕夹子，它对一个产科医生的意义，跟一把称手的工具对于一个木匠的意义没有什么区别。

疾病也是副产品

借洗手和产钳这两个例子，是想说明：一个有用的、真实的创新和进步，和高科技也许没有什么关系。当然，我们可以把这个讨论往前推一步，我们对于医生的认识往往是有误解的。我们过去总是把医生、化学家、物理学家、数学家放在一起讨论，觉得他们都是高级知识分子，他们玩的我们都不懂。但是，医生和他们都不一样。化学家、物理学家、数学家面对的是客观世界的内在规律，那是确定的，虽然我们眼下搞不清楚，但是可以一点一点往前拱。而医生面对的对象是人以及人身上的病，这两个对象都具有极大的不确定性。

我们普通人对疾病总有一些误解，觉得疾病是人和环境互动的一个非常复杂的产物。比如前面讲到的难产，难产是怎么来的？其他动物怎么没有难产，只有人类有？因为我们要直立行走。为什么要直立行走？因为我们的智力发达，所以头部就变得越来越大。而人类的头部变得越来越大之后，产道已经通不过了，怎么办？我们只能在婴儿的头部还没有长成之前，以一个胚胎的方式把人类生出来。

小牛、小马生下来几个小时就可以乱跑乱蹦、吃草，可是人类的婴儿就不行，一岁之前基本上走路都成问题，6岁之前基本上没有自我生存的能力。就是因为我们演化出了这么一个庞大的大脑，人类的身体特征、疾病特征、文化特征，跟其他物种就截然不同了，这是一个漫长的反应链条。如果你对这个反应链条感兴趣的话，强烈推荐郑也夫老师的新作《文明是副产品》。

这本书讲了一个道理：人类刚开始奔着某个目的发明了一个东西，但是随着漫长的演化，这个东西达成的效果真是连“亲妈”都不认识了。我们刚开始没奔着这个目的，但是它居然就出现了，所以文明是副产品。我们借着这本书的书名也可以说，疾病也是副产品。

如果你懂得一点进化论，知道什么是自然选择的话，就会知道这背后有多残忍。如果我们当年的老祖母，就是人类在演化过程中那个无数代之前的先祖身体健康的话，就要把胎儿养到足月，那她就会被难产折磨而死，她的基因是传不下来的。

基因传下来的老祖母，当年正好有病。什么病？早产。她把胎儿还没有养到那么大的时候就生下来了。恰恰是有病的老祖母成为我们的老祖母，她的基因传下来了。难产是病还是早产是病？这事儿还真说不清楚。

我想用这个事来佐证：疾病并不是一个客观实在，它是人类和环境复杂互动的一个产物。一个高明的医生眼里绝不仅仅只有疾病这一个敌人，他的眼里还有另外一个对手，那就是由病人、环境、医院、医生共同构成的一个非常复杂的互动系统。

对系统进行优化也是一种创新

你以为针对疾病本身才叫治病？不是，针对这个系统进行优化，也是一种治疗方法，而且没准儿效果会更好。

20世纪50年代，纽约的医生发现，为什么经过100年的折腾，产科病房里的新生儿的死亡率一点都没有下降呢？1850年死多少，1950年还是死多少，这100年医学不是白进步了吗？这是医学的耻辱，但是眼下又没有什么好办法。

后来，这个问题是怎么解决的？是由隔壁麻醉科的一个医生解决的，而且还是一个女医生，叫阿普加。阿普加医生1933年考入了哥伦比亚大学医学院，但是入错行了，她学的是外科。按照当时人的观念，一个女医生干外科是没有前途的，后来她就被劝说改行干了麻醉科医生。她是美国第二个拿到麻醉科执照的女医生。但是，她就不服这口气，毕竟她的老本行是外科。

阿普加医生的医德非常好。她在当实习外科医生的时候，有一次帮助别的医生做手术。后来，那个病人死了，她就一直怀疑，是不是因为在手术过程中自己夹住了那个病人非常重要的一根血管导致的。一想到这里，她就马上抽出手术刀冲进了停尸房搞解剖。后来发现，果然如自己的猜想那样。于是，她就把这件事情及时汇报给了医院，承认自己错了。这种人眼里只有真相，没有荣辱。她不仅需要医德，还需要勇气。

阿普加医生虽然一辈子都没当上外科医生，但是她不管走到哪儿，身上总是带着两样东西，第一是手术刀，第二就是用于急救的插管。她心里想，万一遇上哪个路人倒地需要急救，我冲上去，还能当一把临时外科医生。后来，她在路上果然救活了十几个人，这也是一个很神奇的事。

阿普加医生老觉得产科病房有点不对头，很多新生儿生下来的时候，医生一看新生儿的脸色不对头，好像也没有呼吸了，心跳也不对，就觉得这孩子根本救不活，给当死婴处理了。

可她觉得有的时候应该还能救回来，虽然她不是人家科室的，但是她发明了一个东西，叫阿普加评分表。

这个东西简单到什么程度？它就讲了五个指标，大概就是心跳、呼吸、肤色、肢体能不能动、会不会啼哭。大概就是五个指标，每个指标如果情况非常良好就是2分，加起来一共10分。

所有的新生儿生下来的时候都进行一次评分，如果低于4分，说明这个孩子不太健康；如果是10分，那就是非常健康。5分钟之后，再进行一次评估。就这么一个普普通通的阿普加评分表，居然就把美国新生儿的病死率给彻底降下来了。

这不是天方夜谭吗？这怎么可能呢？这当然可能。

给大家举一个例子，原来让你去跑步，让你去走路，是不是很困难？累。但是，现在很多人用了微信运动之后，大家就有那个精气神去跑步，为什么？因为你在跟朋友圈的人比这个步数，很多人专门就为这事还把手机绑到狗身上，让狗帮他跑，就为那个步数。

有了阿普加评分表之后，医生们就相当于安装了一个“微信运动”，因为自己病房出生的婴儿能不能救得活，现在有一个客观的数据指标来衡量了。整个纽约，甚至全世界新生儿的状况都有一个数据指标来衡量了。每个医生都会想办法救活那些新生儿，原来不会救的现在也救了。

阿普加评分表诞生之后，在短短几年内，有几百项针对新生儿的医疗改进开始实施，新生儿的死亡率从此就降下来了。这个简简单单的评分表一直用到今天，在新生儿死亡率下降这件事情上功不可没，甚至是功劳最大的一项创新。所以，针对系统的优化是多么重要的事情。

再讲一个《医生的精进》里面提到的故事。对于战场上的军医来讲，把伤员的死亡率降下来是他们的核心使命。但是，这件事情好难，只有医疗技术有实质性突破的时候，这个数字才能大比例下降。

美国南北战争的时候，伤员的死亡率约为40%。到“二战”的时候，降到了30%，因为外科手术技术升级，再加上开始使用青霉素。到朝鲜战争的时候，这个数字下降到了25%了，因为青霉素被广泛使用了。

自此之后，这个数字就降不下来了，因为医疗技术没有实质性的突破。说白了，一个美国大兵如果在战场上受了伤，有四分之一的机会得死在那儿。

但是到2005年的时候，就是美国人打伊拉克战争的时候，这个数字居然神奇地下降了，而且是在医疗技术没有任何实质性突破的情况下。为什么？就是因为我们前面讲过的那个原因——系统被优化了。

有两个原因。第一个原因，美国人搞出来一种叫进展性创伤的生命维持系统。听着这个名字很高大上，说白了就是把伤员的救治变成了一个流水线作业。

所有医生在进入医学院的时候，老师一般都告诉他两条：第一，你要治一个病人，就得彻底对他负责，把他治好；第二，永远不要相信其他的医生。确实，很多医生都有这样的强迫症，这种强迫症也可以说是一种医德。

可是，如果把这种医德放到战场上，是要坏事的。一场战斗打下来，如果送来20个伤员，医生要发扬医德，逮住第一个拼命治，花掉了五六个小时，这个人彻底治好了，剩下的19个人却全部变成了尸体。

把伤员送上流水线作业的好处是什么呢？首先，前线的医院只做最基本的处理，就是确保伤员活着就可以了。然后，医生写明，我已经处理到哪一步了，伤口也不用缝合，甚至病人还处在深度麻醉的状态，就转往下一级医院，由下面的医院接着做下面的事情——就是把伤员当作流水线上的一块肉送来送去。这有点不符合医生的工作习惯，但是很有效，把战场上的伤员死亡率降下来了。

第二个原因，美国人在2005年的时候，就开始重视战场上的大数据。比如，要求士兵都戴护目镜，这样可以确保眼伤减少。但是，因为大家都觉得那个护目镜的款式太土气，就不喜欢戴，所以眼伤的比例居高不下。后来，通过大数据的统计，发现士兵的这种心态后，迅速反馈给装备部门。装备部门赶紧送到战场上一款非常时髦、好看、酷炫的护目镜，大家都愿意戴了。果然，眼伤的比例就降下来了。

再举一个例子，伊拉克战场上有很多美国士兵的死亡不是因为被什么高精尖的武器打到了，往往是被当地游击队土制的炸弹伤着了。这种炸弹其实没有什么杀伤力，但是它有一个特别的特点——弹片非常多，能把人打得跟筛子似的。每一个创口虽然都不致命，看起来也不起眼，但是架不住多，伤员往往是因为失血过多而死。

大数据捕捉到了这个信息后，反映给了装备部门。装备部门赶紧在战场上的急救药箱里多装了一个东西，就是止血绷带。这个东西很普通，只不过在里面多加了一些凝血的药剂而已。我们不要小看这一项创新，真的就把这种因伤致死的情况大幅度减少了。

美国人从2005年开始就特别重视战场的大数据，战地的一线医院人手那么紧，还会专门拨出三个医生记录数据。每一个伤员至少要记录75项数据，这就有助于装备部门优化他们的医疗策略。这又是一个从系统着手的例子，也救活了无数的人。

治病不是科学，而是技术

前面已经讲了两个因素：第一，持续地优化；第二，系统地优化。不过，医疗永远是人的事，人在这里面还能做什么呢？

下面，我们就说说医学中人这个因素的重要性。在此之前，我们先问自己一个问题：医学到底是不是典型的科学呢？这个问题是有争议的。很多人认为，医学中至少临床医学这部分不是典型的科学。也就是说，治病不是科学，而是技术。

我们平时总是把科学技术放在一起，简称“科技”，中国还有个科技部。但实际上，这是完全不同的两种思维模式。所谓的科学是先提出一个大胆假设，然后再回到现实中小心求证。为什么科学家都得有实验室？实验室可以帮助科学家把那些干扰性的因素排除在外，以此来验证自己的设想。所以，科学是一个从理论到现实的思维过程。

而技术是设定一个目标，不管三七二十一，先干起来再说。只要能达成目标，什么手段都可以。我干成的时候，也许我还不知道自己是怎么干成的，反过来再总结理论。所以，技术是一个从现实到理论的思维过程，与“科学”正好是反的。

我们如果按照这个标准来定义医学，那么医学就是典型的技术了。当病人躺在那里奄奄一息的时候，医生还要翻书去找什么理论依据？没那事儿，什么招好使就赶紧上，像我们前面讲的洗手、产钳都是急中生智的产物，往往没有什么深厚的理论依据。这就显出人在医学中的重要性了，人可以调动自己的一切想象力、能动性、积极性来解决具体的问题，这是一个典型的技术性思路。

医生只是在科学理论指导下的技术工种

20世纪，人类医学的主流思潮就是所谓的循证医学。什么叫循证医学？简单地说，就是最接近科学思维的医学思维。但是，所有讲循证医学的医生最后都会添上两句话，第一句叫

“要尊重医生的临床经验”，第二句叫“要尊重病人的个体价值和意愿”。这不是又把医学从科学那里拖到了技术的范畴吗？

我没有对医生群体不敬的意思，但是医生群体确实不是典型的科学家群体。他们没有时间整天去搞什么大胆假设、小心求证，他们天天面对的是具体的马上就要解决的问题。所以，他们是一种典型的、在科学理论指导下的技术工种，和其他技术工种的区别没有我们想象的那么大。

这不仅不是对医生的不敬，恰恰是对医生最高的褒扬。为什么？因为医生这个工种，理论是否正确，有的时候没有有效性来得重要。一个人是不是聪明，不如他是否敬业、是否有匠心、是不是肯死磕来得重要。

《医生的精进》这本书里面举了大量的例子，比如有一种病，叫囊肿性纤维化。这种病具体的原理不得而知，但是它有一个结果，就是人的很多分泌物变得非常黏稠，而且没有办法排出体外。请注意，这种病可不是一种能治好的病，因为它属于遗传病。只要你生下来带这个基因，这个病一辈子都会跟着你，现在医学也拿它束手无策。

得了这种病会马上死吗？不会，黏稠的分泌物会慢慢堵塞肺部，引发呼吸衰竭而死。只要把分泌物排出来，患者的寿命和没得这个病的人其实差不多。

在美国，治疗这种病最拿手的医生叫沃里克。他的病人有的已经活到了67岁，而且过去10年里没有一个病人死亡。这也算是一个奇迹。沃里克是怎么做到的呢？其实很简单，就是三招。

第一招，他发明了一种咳嗽的方法，要求病人把双手高高举过头顶，再深深地弯下腰去，然后猛然站起来，奋力把胸腔里的分泌物咳出体外。每天数次。

第二招，就是捶背。他在患者的胸腔处画了14个地方，每天找人捶，捶前胸、捶后背。没有人帮忙捶后背怎么办？沃里克发明了一种背心，穿上之后，感觉就像在坑坑洼洼的路面上开车，颠来颠去，捶来捶去，每天两次。

第三招，就是严格执行。他要求患者一生中每天都坚持这样咳嗽和捶背。这就是一种死磕精神。

沃里克对患者说："如果不按我这个方法治，你每天发病的概率是0.5%。但是如果按我这个方式治，概率就会下降到0.05%。"你不要看只有这么一点差距，每天积累，一年积累下来，你的存活概率是83%。但是不用这个方法，你的存活概率只有16%。

在长时间段里面进行死磕，这种医疗方法其实是一种简单的技术，但是只有在沃里克这种严格的医生手里，才能把它坚持到底。

再比如，有一种常见病叫疝气，得了之后非常痛苦。这种病的机理其实很简单，就是人体内某个脏器或组织离开其正常解剖位置，通过先天或后天形成的薄弱点、缺损或孔隙进入另一部位，所以非常疼。治这个病很简单，在外科手术里面算入门级的，手术基本上一个半小时就可以完成。

但是，这种外科手术也有10%~15%的失败率。失败了怎么办？无非就是再挨一刀。对于成熟的外科医生来说，做这种手术就跟补锅差不多。但是，葛文德医生在加拿大的多伦多发现一家医院，居然把疝气手术做到了出神入化的程度：首先，失败率低于1%；其次，基本上半小时就可以完成；最后，它的医疗费用只有其他医院的一半左右。

它是怎么做到的呢？翻开底牌一看，简单得不得了。

这家医院除了疝气手术，别的什么病都不治。它一共有12个医生，一年平摊下来，每个医生要做600~800例疝气手术。熟能生巧，一件事情反复做、长期做，当然就成了个中高手。其他医院的外科大夫什么病都得治，那么他们一辈子遇到的这个病例可能都不如人家一年遇到的多。

这家医院确实做得好，也确实能解决问题，但是你不觉得这很low吗？这家医院的医生跟富士康流水线上装配iPad的工人有什么区别？没有技术含量。那么，医学到底要的是什么呢？是治愈的效果还是人们所期望的智力含量呢？

怎么当一个好的创新者？

再回到我们的主题，怎么当一个好大夫？我们可以把这个话题再扩展一下：怎么当一个好的创新者？就是以上讲的三招：第一，持续地做；第二，系统地做；第三，死磕地做。这就是所谓的匠人精神。

讲了这么多，我就是想破除一下“创新”这个概念在中国大地上的一个流行观点，就是智力崇拜。人们总是觉得创新就是做难题，必须具备极高的智慧含量。这题得难到所有人都目瞪口呆、束手无策，而这个时候跳出来一个人，他一拍脑袋，灵光一现，想出了一个所有人都没有想到的方法把题给解了，这样的人才算是牛人。

就像2015年屠呦呦获得了诺贝尔医学奖，很多人就批评她：“这算什么本事？在那么多味中草药里慢慢淘，淘出来一个青蒿素，这是偶然、是侥幸。你看她后来就没有发表过什么有质量的科学论文，说明这个人的科研能力一般，她得诺贝尔奖就是侥幸。”

说这种话的人，根本就不知道什么叫科学研究。科学研究在绝大多数情况下，其实就是一件苦差事。

我们看着那些生物学博士穿着白大褂，好像很高大上，其实他们天天就是刷试管、配试剂、培养细胞、记录实验数据，错了再重来一遍，没准儿什么时候就能得到一个科研成果。

我们现在给这种科研取了一个名字，叫“劳动密集型科研”，跟富士康的工人区别不大。但是，你能说他们搞出来的成果不是对人类文明的巨大贡献吗？什么是创新？这本身就是创新。

我们可以把视野再扩大一下。诺贝尔物理学奖的第一届得主是伦琴，他的重要发现就是发现了X光。可是，怎么发现的呢？是智力因素在起作用吗？不是，他就是细心。

他在实验的过程中发现，有一种管子可以发出一种具有很高穿透性的光。他很好奇，于是拍了各种各样的照片。拿这个东西拍一拍，拿那个东西拍一拍，他发现这个射线可以穿越任何东西的内部，甚至把他老婆的手放进去也拍了拍，看见了骨头。后来，就凭这张照片和这个发现，伦琴得到了第一届诺贝尔物理学奖。

直到他得奖的时候，他也不知道这个射线到底是什么，所以给它取了一个名字——X射线。这难道不是重大的科学发现吗？

坚持做，持续地做，系统地做，用死磕的匠心精神去做，这本身恰恰就是创新。

2015年年底，我想干一件事情，就是搞一次跨年演讲。我跟很多朋友说："这次跨年演讲只有一个特点，就是特别能坚持。我至少要做它20年，从每年12月31日晚上8点半开讲，一直讲到第二年第一天的凌晨一点半，四个小时。也许我讲的东西并不精彩，但是重要的是我会一直坚持这样做，而且市场上没有类似的产品。"我这番话说完之后，所有朋友都觉得，这件事肯定能干成。

我自己也预期，也许第一年卖票都很困难，但是做到第三年，卖票的问题就会解决。做到第五年、第八年，没准儿电视转播权都会值一点钱。如果我真的坚持了20年，它一定会成为中国市场上的一个地标，甚至是一个奇迹。

2015年，我也许只是一个傻呵呵的坚持者。如果我真做了20年，做到了2035年，那个时候，我就是一个货真价实的创新者。

关于创新，有一个朋友给我打了一个比方。人类就是一窝老鼠，往一个迷宫里一散，每一只老鼠都在夺路狂奔。有三种老鼠，第一种老鼠糊里糊涂的，别人往哪儿走，自己就往哪儿走，这种老鼠跟创新没有什么关系。

但是，还有两种老鼠。有一种特别聪明，他们知道怎么能走出迷宫，也总能走对。这种老鼠太少，人类中只有牛顿、爱因斯坦这种级别的大科学家、大思想家才能做得到。

还有一种老鼠，就是笨老鼠，甚至是缺心眼的老鼠。他们觉得这个地方肯定能出去，怎么就变成了一个死胡同呢？于是，他们拼命地拿头撞，没准儿哪一天就真的能撞出来一条道路。

什么是创新？创新既会眷顾那些聪明的老鼠，也会眷顾我们这些笨老鼠。

02 创新：是树，也是网

智商越高，社会竞争力就越强？

为什么我对创新和创造这个话题这么感兴趣？就是因为它太神秘。我们一般都认为，创新和创造出于人的大脑活动。大脑很轻，只有1.5千克，而且每个人都有。但是，这里面到底是怎么回事？别看脑科学搞得热热闹闹，其实到现在进展还是有限。

前不久，我在一个微信群里看到一篇文章，叫《人类的脑科学还缺乏一个牛顿》。什么意思？在牛顿之前，人类的物理世界也是一团糟，直到出现了牛顿，他在黑板上写写画画，写下那么几个公式、几条定理，于是万物归位，复杂的物理世界就变成了简单的几个原理。

人类的脑科学也是一样的。各式各样的研究成果车载斗量，但是连一些基本的东西还是没搞清楚。比如，人类的大脑里面到底有多少个神经元？有人说120亿个，有人说800亿个，还有人说1000亿个。连这样的东西我们都没搞清楚，更何况那些比较高级的大脑神经活动呢？比如，知觉是怎么来的？我们的情感是怎么来的？我们的梦境到底是怎么回事？这些就更搞不清楚了。创新、创造这种人类大脑最简单的活动到底是什么机理？我们依然一片混沌。

但是，人类的科学有一个特点，就是搞不清楚它的内在机理没关系，还有一种研究方法，叫“灰箱研究法”。就是根据输入和输出总结出一种规律。

从19世纪开始，人类有无数科学精英都在搞这套东西。其实，我们从小就知道这个现象：有的同学就是学什么会什么，就是有创造力，有的同学看起来却是笨笨的。能不能通过我们已经掌握的进化论的原理，把这种优生优育、智商高的人的基因往下传？

所以，从19世纪末到20世纪上半叶，全世界都流行一门学问——优生学。而优生学的底层逻辑其实有那么一点点残忍。现在，我们人类进入现代社会了，大家生活水平提高了，那些笨家伙原来应该被饿死的，可是现在饿不死了，侥幸地逃脱了进化论残酷的“自然选择剪刀”。怎么办呢？你本人可以继续活，但是你别生孩子了，把生孩子的权利交给那些聪明人、那些优秀人种吧。这样数代之后，我们人类的整体素质不就提高了吗？这就叫优生学，或者叫“积极的优生学”。

这套原理在我们今天看来简直惨无人道，就是搞种族歧视，但是20世纪上半叶，德国纳粹的理论不就是这个吗？德国人的雅利安人种、北欧人种是最优秀的，法国人、意大利人、西班牙人这些地中海人种差得好远，再往东边的斯拉夫人就是垃圾，更不要说什么中国人了，这些人种都不行，最好都淘汰掉。

我们不要以为这些搞优生学的科学家是相信纳粹主义的，他们是本着一种非常严谨的科学态度来做优生学的事的。只不过，今天在政治上已经不正确了，他们那时候觉得是带着全人类的正义感在研究这门学问。

其中一个人叫刘易斯·特曼，这个人不是德国人，也不是纳粹，他是一个地地道道的美国人，而且他一生做的事都带有强烈的商业味道——智商测试。如果我们把人的大脑看成一个灰箱，要搞出一套客观的标准来进行测试，这不就可以把人分成三六九等了吗？

比如，75分以下，干点粗活就行了；75～85分的人，可以搞技术工种，比如理发师；85分以上的人应该去搞创造性活动。如果你想出人头地，成为社会精英，你的智商一定得是115分、120分以上。特曼一辈子就想搞出这么一个计划，不仅是一个科学研究，也是一个商业项目：每一个人生下来之后，长到一定岁数，就到他那儿测一下，拿一个分数，然后参加社会分工。

如果这套方法靠谱，那还了得？整个人类社会的协作成本将会大幅度降低。我们今天大量的工作都是在甄别人，如果智商测试靠谱，那就再也不用进行高考了，大学直接按这个分数录取。大公司招聘也就简单了。

当然，特曼本人是一个非常严谨的科学家。在那么早的时代，他就做了可以说是当时人类最漫长的一个社会实验。这个实验从1921年开始一直做到他去世的1956年，前后长达35年。

这个实验是怎么做的呢？他先跑到美国的加利福尼亚州，选了16,000个儿童做智商测试，其中1500个儿童的智商在151分以上。他帮这帮儿童建立了档案，然后长期跟踪。这些儿童甭管是上学还是入职、是跳槽还是升职，或者发表一篇论文，全部都跟踪记录，一直跟踪到1956年。此时，这些人有的岁数已经挺大了。

他得出三个结果。第一，这帮人的平均创造力并没有优于平常人。第二，这帮人的智力虽然都很高，但是有的人还是混成了我们今天说的loser（失败者）。他们做着普通的工作，甚至还有住精神病院的，这怎么解释？

更要命的一点是，他淘汰的那些儿童当中，反而诞生了两个诺贝尔奖获得者。而且更有趣的是，也许特曼在长期跟踪的过程中跟这帮小孩建立了感情，或者他也希望这些人做出更好的成就，所以在漫长的35年中，他经常跳出来帮助这些人，帮他们上个好学校或者找一个更好的工作等。

即使这样干涉，实验结果仍然是令人失望。特曼临死的时候留下这么一句话，应该被我们认真地汲取——“看来智商和社会成就没有什么关系”。这好像跟我们普通人的直觉是相悖的，一个人智商高，将来的社会竞争力就应该更强。

优生学真的成立吗？

优生优育是不是可能的？当然是可能的。我们通过现代的生物技术来筛选狗，我们希望它跑得快，就真的能造出那种跑得快的狗；我们希望它长得漂亮，它真的就能长得漂亮，每年国际上还搞各种各样的赛狗大赛。

中国人培养金鱼不也是如此吗？我想让它变成什么样，它就能变成什么样。为什么这个原理在人类身上就不适用了呢？因为对动物做这件事情，我们要的是一个单一的标准，可是人类能用单一的标准来筛选吗？

比如，我们现在筛选赛马，确实可以把马变得越来越敏捷，可是赛马脾气不好是出了名的。再比如母鸡，我们人类用单目标来筛选它，就是要它多生蛋、生育能力强就可以了。但问题是，这种母鸡也经常歇斯底里、脾气不好、攻击性比较强。

如果全人类因为这套优生学的方法变得智力奇高，但是脾气都不好，都不愿意跟他人协作，人类的创新、创造还真的存在吗？

而且，即使基因学说已经发达至此，我们仍然可以发现，基因工具不是一把手术刀，而是一根大木棒。也就是说，当我们想以基因为工具改变人的某些性状的时候，做不到手术刀那么精准，想切哪儿就切哪儿。它其实像一根大棒，一棒子扫下去，连带着一大片因素。

这个很好理解，基因是我们内在的一个特质，它表达出来的性状也许是非常多的。而我们现在局限于我们的科学，只能看到其中的一两种，对于其他危险，我们其实是不知道的。比如，有一种遗传病叫台-萨氏综合征。得了这种病的小孩两三岁的时候智力就停止发育，然后很快就会死掉。

很多遗传病学科的学者觉得这个病太奇怪了，它不符合进化论的原理。在人类多少亿年的进化过程中，带有这种疾病基因的人应该早就被淘汰掉了，怎么还能留到现代社会呢？后来研究发现，原来引发台-萨氏综合征的基因不见得一定会发病，所以就有人会幸存下来。另外，带有这种基因的人，抗肺结核杆菌的能力非常强。

什么叫进化？进化是两害相权取其轻，甚至是多害相权取其轻。当肺结核多发的时候，带有这种基因的人能够抵抗，再担一点台-萨氏综合征的风险，是划算的，所以这种病一直流传到了今天。

这说明基因不是一个超市，我们进去想拿什么就拿什么。当我们想要一个好处的时候，也不得不接受它附带的那些坏处，而且这些坏处我们未必明确知道。当我们消除掉一个坏处的时候，没准儿一棒子也扫死了那些好处。所以，从尊重人类这个物种的多样性的角度来说，所谓的积极的优生学本身就不成立。

智商测试靠谱吗？

第二个话题，就是智商。智商难道真的可以通过测试测出来吗？直到今天，还在流行智商测试。很多学者是这样反对的：“智商测试没准儿就适合那些愿意或者善于智商测试的人。”

讲一个特别有趣的例子。美国有一个著名的律师叫博伊斯。别看博伊斯是个大律师，但他从小就得了严重的阅读障碍症。翻开任何一本书，他连一个单词都拼不出来，要想连篇地读一篇文字，难比登天。这样的人如果到了智商测试的考场上，肯定是零分，连卷子都看不懂，对吧？

但是，他怎么成了大律师呢？一个律师在上学的时候，得阅读多少法律文献，办案子的时候，至少得看卷宗吧？这样的人居然当了大律师，为什么？就是因为他不会阅读。

第一，不会阅读的人，注意力一定非常集中。博伊斯没法阅读，所以做任何事的时候，注意力都极其集中。

第二，他特别善于倾听，对语言特别敏感。

第三，他的记忆力特别好，跟他说什么他都记得住，只有看书记不住。

第四，他在法庭上和在日常生活中，对别人细小动作的感受力非常强。

第五，他能把任何复杂的事用非常通俗的语言表达出来，这是天生的能力。

所以，我们不要看有那么多智商测试的体系，智商这种东西到目前为止仍然是一个神秘的事物：居然有人不会阅读，也能够成为大律师，拥有这么高的成就。

给大家举了这么多例子，就是要说明人类各个层次的活动：底层的基因这个层次，比较表浅的智商这个层次，还有万人瞩目的创新、创造。这些其实都不是一个点状的现象，而是一个网状的现象。我们想判断任何点的价值，都要把它还原到它当时所处的网络中，才能判断得出来。

当一个人拥有一个基因的时候，如果不还原到他的生活环境中，我们根本无法知道这个基因到底是好是坏。一个人的智力特征，如果不和他的工作、生活等整个社会网络连同起来看的时候，根本就不知道这个人是笨还是聪明。回到创新、创造这个层次也是一样，不存在什么单点的创造活动，只存在一个属于全人类的创新、创造之网。

创造就是一连串的事件

给大家推荐一本书，名字就叫《创造》，它的作者叫阿什顿。在这本书里，他第一次创新地提出来什么叫作创新、创造的机制，无非两点。

第一点，每个人面对自己那个具体的问题，然后解决掉它。这个问题也许很不起眼，但是这不重要，关键是第二点，就是全人类形成一个全新创造的线，然后再把它连接成一个网，一个巨大的创造没准儿就出现了。

中国有个经济学家叫周其仁。他写了一本书，叫《收入是一连串事件》，这是从经济学的角度来看整个社会。借用周教授的书名，什么是创造？创造就是一连串的事件，它是一个网，绝不是一个点。

如果你觉得前面讲的这套原理有说服力的话，再回到我们的日常认知，很多东西就要出问题了，也许就站不住脚了。

比如我当年上学的时候，教室里挂满了科学家和发明家的头像，从伽利略、牛顿到爱因斯坦；上中学的时候更多，甚至还有一些中国人，张衡、祖冲之等。

为什么要挂这些呢？有两层意思：第一层是告诉小孩好好学，将来成名、成家；第二层意思其实是暗示，这些人构建了我们这一代人关于创新、创造的认知框架。也就是说，每一个创新、创造都“冤有头，债有主”，可以归到一个一个具体的发明家和创造家的名下。

可是，这张名单一直到今天都没有变过。我们到中国任何一所小学，挂的还是这张名单上的人。此前的人和此后的人去哪儿了？弓箭是谁发明的？轮子是谁发明的？大量的农业技术到底是谁发明的？渔网是谁发明的？

你可能会说，在漫长的历史烟尘中疏于记载，所以没有留下这些发明家的名字。《文明是副产品》这本书中，郑也夫先生讲得很明白，发明是一个偶然性的现象，是歪打正着的现象，很多我们知道发明者名字的发明未必是那么回事。

比如，造纸是怎么发明的？众所周知，造纸术是中国的蔡伦发明的。你看完这本书之后就知道，在蔡伦造纸之前，中国早就有纸了。再比如，活字印刷术是毕昇发明的，你看完这本书就知道，也不是那么回事。

此前的事我们就不说了，此后呢？20世纪后半叶，人类的科技繁荣昌盛，科学家一定是层出不穷，再加上我们的传播手段更加发达，为什么没有一个科学家能够挂到我们小学的墙上呢？科学不是更繁荣了吗？为什么反而会出现这种现象？

我们可以扪心自问，自己知道当代哪个大物理学家？有人会回答，霍金。对，霍金是大物理学家，可是在整个物理学家族中，除了霍金所在的天体物理学，物理学还有很多大分支，经典力学、热力学、电磁学、相对论、量子物理等，这些门类里面的宗师级人物是谁？大部分人是不知道的。

而霍金之所以有名，跟他特定的经历和形象是分不开的，所以霍金出名其实是一个传播学现象，他那本《时间简史》有无数中国人买了，但是又有多少人能读懂呢？

这就奇怪了，为什么20世纪后半叶居然没有大科学家出现？是不是我们可以获得另外一个解释：大科学家发明属于他的科学成果，是人类的一个阶段性现象。如果你意识到这一点，就会发现另外一个问题：诺贝尔奖出问题了。

诺贝尔奖就是这种认知的产物——所有的科学发明都可以归到具体的科学家的名下，所以接下来就讲点诺贝尔奖的故事。

胰岛素：班廷和麦克劳德

1923年，诺贝尔生理学或医学奖颁给了两个加拿大学者，一个叫班廷，一个叫麦克劳德。这两个人都是加拿大多伦多大学生理学系的教授。

为什么要颁给他俩呢？因为他们发现了胰岛素。在没有胰岛素之前，糖尿病病人只能在饥饿中受尽煎熬而死，而有了胰岛素，算是有了一个可以暂时缓解病情的特效药。

胰岛素是怎么被发现的呢？首先应该归功于班廷。班廷虽然是教授，但他只是个普通教授，他的系主任就是麦克劳德。

班廷刚开始提出，看能不能从动物的胰脏中提取出治疗糖尿病的特效药的时候，麦克劳德觉得这个想法挺奇葩的，不是特别支持，但是大家同事一场，天天磕头碰脑地要见到，也不好意思不满足他的要求。

而且，班廷提出来的条件非常简单，一共四条：给我买10条狗的经费，给我一间实验室，给我配一个助手，给我8个星期的时间。麦克劳德大笔一挥，就满足了他的条件。

这10条狗是干吗用的呢？首先分成两组，一组五条，让其中一组的狗得上糖尿病，然后从另一组狗的胰脏里面提取出来一种东西（就是后来的胰岛素），然后给第一组的狗服下去，看其糖尿病的症状是不是得到了缓解。就这么一个简单的实验，他带着一个21岁的助手，就开始干了。

很快，8个星期过去了，实验好像没有什么进展。21岁的小助手就跟班廷说："你也没法支付我的薪水了，因为系主任不会再给你批经费了。这么着吧，万一这个实验有成果呢，你就把薪水还给我。如果没有也就算了，我认倒霉。"俩人就接着干。

没狗了怎么办？跑到屠宰场去找牛的胰腺，接着提取。一来二去，这个事居然靠谱了，发现有一条狗的糖尿病居然好了。那是不是对人也有用呢？于是，这俩人又开始拿自己做实验，然后又找一些得了糖尿病的同事做实验。

在这个过程中，麦克劳德根本没拿这个实验当个事，甚至跑到欧洲去搞学术活动去了。等这边突然报来消息，说胰腺提取物可能有效，麦克劳德才精神起来，开始管这个事，然后掺和了一下。比如，更进一步提纯，把这种胰岛素的生产工业化等，然后把这个成果报到诺贝尔奖委员会，最后批下来了。

于是，1923年诺贝尔奖的殊荣就落到了两个人的头上——班廷和他的系主任——什么活也没有干的麦克劳德。

后来，这两个人都觉得特别不好意思。于是，班廷把他的一半奖金分给了那个21岁的小助手。麦克劳德也觉得太轻松了，把自己的一半奖金也分给了自己的助手。这就是1923年诺贝尔生理学或医学奖的故事。

宇称不守恒定律：杨振宁和李政道

我们再举一个中国人比较熟悉的例子，华人最早得到诺贝尔奖的是两个物理学精英，一个叫杨振宁，一个叫李政道，都是大科学家。这两个人现在都是90岁上下，一个住在清华大学，一个住在北京大学，算是邻居。

这两个人，一个出生在安徽合肥，一个出生在上海，远赴美国留学的时候，又在同一个系，毕业后在美国的普林斯顿大学还是邻居，关系能不好吗？

当时，普林斯顿大学高等研究院院长是奥本海默。这个人在当时美国学术界的地位可不得了，他是主持“曼哈顿计划”的人，也是“原子弹之父”。奥本海默当时岁数也不小了，看着这两个小年轻打心底里高兴。他讲过一句话：“在普林斯顿大学，看见这两个中国年轻人坐在草地上探讨学术问题，简直就是学校的一道景观。”

这两个人的学术水平确实非常高，年纪轻轻就开始合作，发表了大量的论文。可是发表论文的时候，问题就来了，谁的署名应该排在前面呢？按照英文世界的惯例，应该按照姓名首字母在字母表里面的排列，谁在前就在前。李政道是L，杨振宁是Y，所以应该是李政道在前。

但是，杨振宁觉得，按照我们中国人的规矩，应该谁年纪大谁在前，杨振宁出生于1922年，而李政道出生于1926年，相差4岁。发表第一篇论文的时候，杨振宁就提出来这个观点，李政道忍了，就这么发表了。

但是，排第一和排第二的结果肯定是不一样的，别人祝贺的时候也是按照这个顺序来的。所以，发第二篇论文的时候，李政道就说："要不咱们换过来吧，按照国际惯例，我应该排在前头。"这次，杨振宁忍了，所以又颠倒了一下。

但是，这两个人从此就留下心结了，有好多年都不再合作，但是天天还能遇到，还要在一起讨论学术问题，渐渐地又开始合作了。时间一长，渐渐地就出现大成果了，就是他俩获得诺贝尔物理学奖的成果——宇称不守恒定律。

这个成果得了诺贝尔奖，两个人到底要怎么署名呢？还是那个老问题：按照英文世界的惯例，李政道应该在前；按照中国人的惯例，杨振宁应该在前。但是，到瑞典去领奖的时候，总得有一个先后次序。

据说，杨振宁当时说："我把我老婆带来了，我老婆应该走在第一个，因为是瑞典国王陪着进场；而我岁数比你大，我应该站第二个，是瑞典的皇后陪着进场；你就屈居第三吧。"李政道当时心里也不舒服，但在现场还是忍下来了。

后来，诺贝尔奖颁完之后，美国杂志《纽约客》来采访他俩，要写一篇稿子。这个时候,杨振宁再一次提出来，所有的排名都应该在李政道之前。李政道可就没法忍了，两个人的矛盾开始大爆发，大吵了一架。后来，李政道彻底离开了普林斯顿大学。

两个人的关系从此再也无法复合了。据说，那个非常珍惜这两个年轻人的奥本海默教授就对李政道说："你要是这么处理问题，你这辈子就不应该再搞物理学。"然后，对杨振宁说："应该去看心理医生。"

这话见于《李政道传》，作者是季羡林先生的公子，也是一个物理学家，所以我相信他不是胡扯。

这一件旧事提出来，并不是想说杨振宁、李政道到底谁是谁非，他们俩闹掰了到底怪谁，只想说明一件事：即使我们穿越回20世纪50年代，站在普林斯顿大学，全程旁观这两个人讨论问题的现场，可能都没有办法判断，这两个人谁对宇称不守恒定律的贡献比较大。

功劳到底应该属于谁？

当代最著名的科学史研究者莫顿说："诺贝尔奖把每一个科学成果归因到一个人，这是诺贝尔奖的一个结构性的缺陷。”

我们貌似是把诺贝尔奖黑了一下，但是请注意，我们举的这个例子可不是孤例，越往后，诺贝尔奖中这种争议就越多。比如，2015年，中国的屠呦呦得了诺贝尔医学奖，就有各种各样的争议。有人说她是贪功，将功劳占为己有，霸占了她的合作伙伴的功劳。

这个现象说明，把一个人的功劳从整个协作网络中切割出来，几乎已经变得不可能了。

难道诺贝尔奖设错了吗？没有错，它是人类创新、创造活动一个特定阶段的产物，就是要把功劳归于个别人。此前没有这个现象，此后也会越来越难。就像烧一锅开水，这锅水被放到火炉上之后，刚开始仅仅是平均升温，我们看不到什么气泡现象，但是在一个特定阶段，我们会看到一个一个灿若星辰的小气泡开始冒出来。随着温度进一步升高，气泡就连成了一片，再也分不清楚泡和泡之间的界限在哪里了。

在人类科学时代到来之前，我们真的搞得清楚哪个创造发明属于谁吗？强烈建议大家看一看《文明是副产品》这本书，它驳斥了我们很多认知。

科学时代来临的时候，某些杰出的创造者用自己夺目的才华，从那个普遍不创新的社会中脱颖而出，成为星空中灿烂的星辰，所以我们都认得他们。但是越到后来，这种创新活动就越来越连成了一片，再也分不清楚谁跟谁了。

比如，我们读历史的时候分明知道电报是谁发明的、电话是谁发明的，但是电视是谁发明的，你说得出来吗？真要去查书的话，会找到一个人名，贝尔德。但这是后人追认的结果，在贝尔德发明电视之前，电视的很多相关技术，全世界各个角落都有人在为它做准备。

继贝尔德第一次用电视播出图像之后，还有很多人在继续丰满它。发明电视的年份是1926年，但真正能够播出电视是1928年的事情，甚至还有人与贝尔德同步发明了电视。

所以，如果不是我们这个认知框架一定要为一个东西找出一个发明者，贝尔德也会在茫茫人海中沉下去，再也没有人把发明电视的桂冠戴在他头上。

说一个更近的例子，你什么时候听说过手机有发明人？它实际上是人类创新、创造网络在一个漫长的演化过程中的产物。现在，抬眼四望我们身边的东西，比如，洗衣机是谁发明的？空调是谁发明的？冰箱是谁发明的？再也找不到一个光辉灿烂的名字。这说明什么？说明我们现在已经放弃了这个努力，不再把一项创造归功于某个人。当然，要想全人类把这个认知都改变过来挺困难的，而且需要一点时间。

什么是现代社会的创新和创造?

1978年，诺贝尔奖委员会把物理学奖颁给了两个工程师，因为他们发现了宇宙大爆炸的微波背景辐射。这个词听起来很高大上，简单说就是，20世纪40年代，美国普林斯顿大学的天体物理学家们提出来一个假说，就是我们非常熟悉的宇宙大爆炸假说。

整个宇宙在刚开始的时候，他们猜是一个点，起名为“起点”，然后发生了大爆炸，变成了一个温度极高的大火球。火球在慢慢冷却的过程中，各种各样的星际物质开始远离它的爆炸中心。

如果这个假说成立的话，我们今天观察到的宇宙，仍然处于持续的爆炸中。

这就需要找到一个证据，证明现在宇宙空间的温度不是绝对零度，因为既然是在冷却的过程中，多少就会残余一点温度。这个温度如果找不到的话，宇宙大爆炸学说就不成立。

但是，天体物理学家死活就是找不到。最后，谁找到了？美国贝尔实验室的两个工程师歪打正着找到了。这两个人在接收一个卫星信号的时候，发现有一个信号不受任何因素的影响，好像就是宇宙中一个恒定的信号。这是怎么回事呢？他俩也搞不清楚，但是既然发现了，就写了一篇论文发表了。

远在普林斯顿大学的天体物理学家们看到这个论文后，发现这不就是自己要找的那个证据吗？于是，把它作为一个成果呈报到了诺贝尔奖委员会。1978年，诺贝尔奖委员会就把这个奖颁给了这两个工程师。

整个事件好像挺无厘头的，因为发现这个微波背景辐射的人根本不知道自己发现了什么。而普林斯顿大学的天体物理学家们好像发现了这个重要的发现，但是他们一直都没找到，最后他们找到了一个别人的发现，所以功劳好像也不应该属于他们。

这个例子最贴切地说明了什么是现代社会的创新和创造。我们谈互联网的时候经常提到一个词——涌现，就是指很多宏观现象其实和构成它的微观个体之间没有什么关系。最简单的例子就是水，水分子里面是不包括波浪这个现象的，只有把一大堆水分子搁在一起的时候，才会涌现出一个叫波浪的宏观现象。

创造和创新活动也一样。每一个科学家和工程师面对的都是他眼前那个最具体的问题。即使解决得很漂亮，也谈不上有多伟大。只有放眼于整个人类的创造之网，独具慧眼地发现很多小创新之间的关系，然后把它们连接起来，这才是伟大的创新。什么是重要的革新和创造？它是一堆小革新、小创造的中间关系。

越到现代社会，构建这种中间关系的人就越伟大，但是很可惜，他们一般得不了诺贝尔奖。比如《创造》这本书的作者阿什顿，号称“物流网之父”。社会认不认咱们不管，但是他确实做出了一个对现在的物流网络，甚至是物联网络有重大贡献的小发明。

他年轻的时候在一家超市当售货员，他发现这个超市对货品的管理只有三个状态，就是进货、销货和存货。对于一个传统的超市来说这就够了，但是有一次宝洁公司的一款口红特别好卖，刚刚放到货架上很快就会断货了，大家就搞不清楚这批货到底是在货架上还是在仓库里。

阿什顿就提出来，给所有货品加一个纬度参数，这样就能找到它到底在哪儿了。就是在货品上安装了当时非常便宜的芯片，来标定这个货品的位置。要知道，超市原来对物体的管理是没有位置这个参数的，就是因为阿什顿这个小发明，现在整个物流网络全部被激活了。

我们现在在网上买了一件物品，可以通过手机清楚地追踪到它的物流流程，过程清清楚楚，这就是现代物流。现代物流和此前的物流有什么区别？就是每个货多了一个位置的参数而已。这是一个连接型的创新，阿什顿就做了这么一个小贡献，但是我们能说它的意义不大吗？

从可口可乐看现代创新的两个维度

我们现在再来看人类的创新图景，会发现它呈现为两个面向。第一是在时间维度上，它是在一棵创新之树上慢慢长出来，最后结成的果子。第二个是空间维度。而在空间维度上变成了一张创新之网，它是各种节点连接到一起后涌现出来的总体现象。

为了说明这两个维度，再举一个大家天天都见得到的例子——可口可乐。可口可乐每天在全球要销售7000万罐左右，可以说20世纪工业化最好的一个成果就是可口可乐，它就是时间之树上长出来的东西。

可口可乐不就是糖水吗？动物都需要喝水，所以我们的老祖宗在没有任何文明的时候，只好贴近河流居住。后来，出现了一点文明的时候，我们发明了储藏水的工具，比如兽皮、葫芦、陶器，这个时候就可以远离水源生活了。

这只是第一步，打井大概是一万年前出现的事情。再后来，很多人发现往水里面放一点花花草草或者水果，有草木茶的感觉。可乐的祖宗不就是草木茶吗？各民族、各地都有，没有什么稀奇的。

美国南北战争期间，有一个药剂师在配药的时候配错了，把一种治疗头疼的糖浆和一种苏打水混到了一起，就搞出来这么一个东西，还挺好喝。但是刚开始，它一直是被当作一种醒酒药来销售的。

后来，发明可口可乐的药剂师觉得，这玩意儿经营起来太困难，就把配方卖给了一个店员，这个店员买了这个配方才开始把它当一种饮料来销售。可是，这种苏打水在美国南北战争期间有可能销得远吗？最多就在本乡本土、本村本镇销一销就算了。

最终，可口可乐能够走向世界，不是因为这种水的配方有多神秘，而是因为它的包装技术。而包装技术是拿破仑战争期间才搞出来的，人们发现用锡罐和铁罐来装食物，保存时间比较长。然后，经过一代又一代的创新，才制造出了一个坚固的、密闭的罐子，把这种糖浆往里一搁，可以储藏得非常久。

可口可乐真正能够走进千家万户，其实是靠一个我们现代社会才有的发明，那就是冰箱。没有冰箱，可口可乐也不是这个味道。所以，它就是时间之树最终长出来的果子。我们今天从冰箱里取出来的可口可乐，真的是可口可乐公司的创造发明吗？它是人类的老祖宗几十万年来的创造发明累积出来的果子。

再从空间状态来看，储存可口可乐的易拉罐是铝材，铝土多出产于澳大利亚。但是，光有铝土不行，要把它变成电解铝，就用到很多矿石材料。其中有一种水晶石来自格陵兰岛，然后经过大量地提炼，最后变成铝材。这种铝材被送到罐装厂，变成一个一个小铝饼，最后把它冲压成我们看到的这个罐子。

这个糖浆本身也不得了，虽然现在我们不知道可口可乐的配方细节，但是至少我们知道，它一定有甜味剂，这个来自玉米。它一定还含有一种来自非洲的果子，虽然含量非常小，这个果子现在就叫可乐果。它还有来自斯里兰卡的树皮，来自墨西哥的花朵，还有一点点可卡因。这是美国政府特批可口可乐公司种植的一点点可卡因，虽然含量很小，但是缺了任何一味，现在的可口可乐的味道就都不对了。

所以，可口可乐现在全球每天销售7000万罐，哪里是一个地方的人单独可以创造出来的呢？它是一个巨大的创新网络在空间中铺展开来的结果。

关于诺贝尔奖的预测

我们回头再看一眼诺贝尔奖，就会发现诺贝尔奖将来一定会出问题。我在此做两个预测。

第一，诺贝尔奖将来会遇到越来越多的质疑——这个人欺世盗名，霸占了其他合作伙伴的成果。会有越来越多的人质疑它，最后诺贝尔奖会无疾而终，或者沦为瑞典这个国家一年一度的P2事件。

第二，很多人说中国人怎么就这么不争气，诺贝尔奖得主这么少。我告诉你，诺贝尔奖最终会变成一个网络现象，这是创新之网的最后呈现。比如，英国剑桥大学有个卡文迪许实验室，这个实验室里产生了30多个诺贝尔奖得主。他们怎么就这么争气呢？因为他们在网络之中。说白了，那些科学家是在10米高台上搞创新，你让一个中国科学家站在10米高台以下往上蹦，怎么蹦得过他们呢？中国的创新只要别折腾，像现在这样慢慢发展，根本就不用着急。

我们可以做一个大胆的预测：要不了多少年，像北大、清华这样的地方，也会像下糖豆一样出诺贝尔奖获得者。一个实验室也许就会出好多个。

前面，我们留下了一个问题：当整个人类的创新活动变成一棵创新之树和一张创新之网的时候，我们作为个人怎么还刷得着存在感呢？我们个人的价值怎么体现呢？

创新活动越是这样演化，个人的价值其实就越重要，只不过换了一种人的类型而已。

以前，创新的承担者是那些节点型的学霸型人物，而未来创新的承担者是那种连线型的学渣型人物。我们可以想象一个场景，闭卷考试中，老师一进教室肯定会说："同学们，把参考资料都交上来。不准交头接耳，独自完成试卷。"这种考场上谁占便宜？当然是学霸，因为人家聪明、人家努力，面对一个具体的困难能够攻坚拿下。像居里夫人在家搅和搅和就搞出了一种新元素，爱因斯坦在家里想来想去就想出来一个新理论，学霸一定得分高。

可是，考场突然换了规则呢？老师说咱们开卷考试，随便抄、随便问，甚至可以拿起手机问场外的同学。这个时候，学霸可就不占优势了，因为没准儿他平时只顾埋头学习，跟班上同学的关系不好，问不着别的答案。可是，学渣普遍情商高，很多同学都愿意帮他，没准儿两个学霸告诉他不一样的答案，他还能知道哪个是对的，虽然没有任何道理。

我们说的这个学渣是谁？比如乔布斯。乔布斯的私德是有名的不好，但是为什么他是智能手机时代的开创者呢？

乔布斯一行代码也不会写，他就坐在一个网络中央，用处女座式的工作方法（乔布斯并不是处女座，只不过他带有这种性格特征），把所有人以及周边的上下游产业链全部逼疯，用他那种在外人看来毫无道理的挑剔，生生逼出来这么一个叫

iPhone的创新。

现在，我们都公认他是智能手机的开创者，但他做具体的工作了吗？没有，他只是进行选择和判断，这是一种典型的学渣在考场上抄来抄去的风格。

所以，当创新是在树上和网上完成的时候，谁能找到更广阔的连接途径，谁能做出最精准、最无法琢磨的精准判断的时候，他往往就会成为人类大创新和大创造的承担者。

你可能会说，我也想成为乔布斯，我不想变成居里夫人，有没有什么路径呢？我也不知道。不过，大家可以看郑也夫老师的社会学著作《文明是副产品》。

这本书通盘考察了人类早期的那些文明成果到底是怎么形成的。在这本书里有一章浓墨重彩地给大家介绍了五种创新机制。这五种创新机制一直存在着，只不过在现代的创新条件下，我们看着它更加刺目而已。下面，简单地介绍一下这五种创新机制。

第一种叫给予。就是自己有什么好东西，别跟憋宝似的憋在家里，要多跟别人分享。这不是搞慈善吗？不是，给予这种行为不仅是慷慨地帮助别人，还可以塑造对方的行为。大自然就是因为慷慨地赠予了人类所谓的“天赐圣米”，最后把人类逼到所谓的农业社会的生活方式里面。人类不愿意，但是没办法，谁让你刚开始接受了老天爷的给予呢？

一个叫张小龙的人开发了微信，非常好用，我们被免费给予了，于是就用了。用完了之后，今天我们再也离不开微信了，我们的很多信息接收，甚至是购物，都要在上面完成的。所以，我们的行为实际上被这种慷慨的给予所塑造了。

因此，如果你想做一个创新的节点的话，就要慷慨地把自己的东西给予出去。比如，去年特斯拉把自己的专利全部公开了。我们当时觉得这是多么高尚的情操，现在一看，原来它是一种驯化和塑造其他人的商业利益行为。

第二点，借用和移用。就是把别人的好东西拿过来使。现在，很多人还在喊，要独立创新、自主创新，不是有毛病吗？这套话术是很多年前的老古董，现在是什么年代了？

现代西方文明建立在一个底座上，这个底座就是字母表。没有这套表达系统，西方文明什么都没有。但字母表是怎么来的呢？它的源头是古埃及人的象形文字，后来传到闪族人那里，被变成了字母文字。

这套字母文字由腓尼基人传给希腊人的时候，不包括元音。希腊人的语言是有元音的，所以把元音字母补了进去，变成了希腊字母表。然后再传到古罗马人手里，改造成了拉丁字母表，这就是我们今天熟悉的26个字母。然后，我们中国人在近现代的时候借用过来，变成了我们的汉语拼音。整个借用过程有付一毛钱的知识产权费用吗？没有，但是整个文明就是这样传播的。

第三点叫杂交。从别人那儿借用过来的东西是不是可以和我原有的东西放在一起，产生一种全新的创新呢？比如活字印刷术是我国宋代的毕昇发明的，但是活字印刷术在中国本土并没有开花结果，因为我们汉字的字数太多，所以这套印刷方法其实无法大规模提高效率。

但是在欧洲就不一样了，欧洲只有26个字母，再加上活字印刷术，迅速地推动了印刷术的传播，盛开了一朵非常璀璨的创新之花，这就是杂交的效果。所有的创新本质上都是杂交。

第四点叫发明。但是，郑也夫老爷子讲的发明跟我们平常理解的可不一样。就是说，当一个创新成果摆在你面前的时候，你先别着急，它的很多本性还没有暴露出来。随着时间的演进，它会逐渐把自己的天赋本性发扬出来，你作为一个创新者来推动这个过程，这就叫发明，是发扬明显出来的意思。

凯文·凯利在《必然》这本书里讲得好，现在很多创新在刚开始的时候是伪装成其他东西的，电视就是这样。电视刚发明的时候，接到老百姓家里，大家说这玩意儿不就是在家里可以看戏剧和电影吗？刚开始，电视的内容就这两样：第一，转播一台戏；第二，放个电影。

但是，电视的本性是随着时间的流逝才呈现出来的，后来发现了那个ENG（便携式的视频采录系统），电视的内容于是得到改观，再也不是只有戏剧和电影了。它变成了我们看到的电视新闻、纪录片等各种各样属于电视这种媒体样式的内容，它逐渐把自己发明了出来。

第五点，叫互动。现在的创新不存在什么单人独舞了，往往都有一个对象跟你互动，这叫双人交谊舞，甚至不止双人，是群魔乱舞，一堆公司在一起互动。有的公司就有这样的体会，之所以玩命地向前创新，就是因为竞争对手跟得太紧，像狗一样撵着自己创新，自己不得不创新。

很多大国的精彩创新也是这样，往往源于激烈的军备竞赛。所以，敌人的存在不见得一定是坏事，没准儿是一个非常好的互动对象。如果你真的把敌人干掉，你独霸天下、垄断市场之日，没准儿也就是你的创新停止之时。

我再归纳一下刚才讲的这五点：一个是给予，一个是借用，一个是杂交，一个是发明，还有一个是互动。这五个东西就是在别人的创新、创造上，编织一个创新之网的五种办法，都是综合其他人创新的五种办法。只要你掌握了这五种办法，创新之树就是由你亲手推动成长的，创新之网就是由你亲手编织的，而创新的果实就由你来品尝。

03 | 认知升级与摆脱窘境

王煜全

楔子：我的朋友王煜全

我的朋友王煜全不算大众名人，但是在小圈子里也是高山仰止似的人物，因为他有一些能力和他正在做的事情，是别人永远要隔着一层玻璃的东西。

我说两方面。第一方面，他的外语能力。外语好的人多了，但是能够大量而快速地阅读英文原著，这种能力在我身边的朋友中仅此一位。所以，王煜全的很多视角是非常新锐的。私下聊天的时候，我经常听他给我讲最近正在发生什么。

还有一方面，王煜全的公开身份是一个投资人。但是，他跟我们看到的所有投资人都不一样。一般的投资人都是在美国融钱，然后到中国来投资，因为中国创业者的市场机会是最发达的，而美国人有钱，这貌似是一个很顺畅的逻辑。

但王煜全做的正好相反，他是带着中国新兴中产阶级的钱，跑到美国去投资那些创新企业。在我认识的所有朋友中，对于美国的创新，他的理解是最深的。

他的很多结论和我们的日常认知大相径庭。他会告诉我们，美国式创新正在怎样发生，它对中国人的命运到底会产生什么样的影响。

硅谷已经out了，大家要硬起来

以前，我们理解的创新，必须是一个巨大的公司，它很有钱，设一个研究院，找一帮专家在里面鼓捣N多年，然后出来一个产品。但是，美国的创新，尤其是美国主导的创新是一帮小公司做的。按照北京大学薛兆丰老师的观点就是，谁也想不到路边一个二层小楼里边一个几十人的小公司，再过5年就是下一个世界500强。

为什么会出现这种现象呢？就是因为大公司的效率转化是极低的。大公司看似雇了很多人、花了很多钱，很多科研成果往往需要好多年才能搞出来。

一个最典型的例子就是诺贝尔奖。我上大学的时候，曾经立志献身科研来着，然后我去找教授请教。教授给我写了封信，说我要立志献身科研，就做好一辈子做研究的打算吧，也许到我退休的时候能做出点成绩来。听他这么一说，我被吓着了。

事实的确如此，拿到诺贝尔奖的那些人年龄确实很老，大多都是七八十岁、八九十岁了，甚至可以说但凡寿命不够长的，就拿不着了。但是实际上，他们做出成绩的时候都很年轻，都在30岁上下。就是说，他们做出成绩以后，需要等待50年左右的时间，诺贝尔奖的评委们才知道，原来他们的东西是有价值的，可以给奖了。

现在，我们会看到一个倒逼的现象。很多科研成果已经在市场上得到运用了，这个时候诺贝尔奖委员会如果再不给奖，压力就在它那儿了，所以现在给奖的速度大大提高了。比如，2010年诺贝尔化学奖的主题是石墨烯，这个研究成果是2002年左右的事，才出现不到10年的时间。为什么不得不给奖呢？因为与石墨烯相关的公司已经有一堆了，生产石墨烯的厂子也不少了。这个概念已经是路人皆知了，这时候那些诺贝尔奖评委也不好意思了，于是赶紧给奖。

还有日本的蓝光DVD，因为它的发明者不是学术界的，本来得奖的概率是非常非常低的，但是这个产品一出来就在市场上热卖，最后没办法，也给奖了。

过去采用的就是顺势推动的方式，高校找一帮人慢慢去研发、慢慢去转化，最后推向市场，效率极低。现在反过来了，变成谁来选择哪些科研应该被推到市场。所以，美国现在有一大批非常优秀的企业家就干一件事，去高校里找最好的专利，然后跟专利所有人谈，拿他的专利做成产品推向市场。这些人基本上是光杆司令，他们成立公司就干这一件事，就是花很长的时间把高校的成果孵化出来。评估了一下，差不多要5～8年的时间，要有上千万美元的投入，才能孵化出一个产品。

可想而知，这个难度有多大，风险有多大，因为这个公司在这5～8年里基本上没有任何收入，都是在研发，都是在付出。

但是，这些公司往往是优中选优的，因为它要靠持续地融资，要融1000万美元以上才能把产品做出来。但凡它的科技不够好，但凡研发中途发现没有前途，它的经费就断了，这个公司就死了，所以这个产品，包括这个科技必然是最强的。

另外，我发现5～8年这个规律是跑不掉的，不可能比5年更短。也就是说，它拿了5年前最好的科技，真正做上市的时候，它一定是世界最优的，所以往往能够焕发出来巨大的活力。这些公司一旦上市，往往在很短的时间内就能上升成真正的跨国企业。

国外也有很多数据来证明这一点，比如财富500强，老外有个更长的榜单叫财富1000强（Fortune 1000）。财富1000强显示，1973—1983年这10年里，有350家财富1000强企业换了位置，就是说有350家下去了，又有350家上来了。但是，2003—2013年这10年换了712家，就是说变化的速度在大大加快。变化为什么会加快？不是因为老企业的更迭，而是更多的新企业上榜了。很多新企业就是凭着高科技、凭着自己用全球最先进的科研成果研发出来的产品，和别人竞争的时候优势极其显著，于是迅速获得了领导地位。

这是现在我们在关注全球热点的时候很容易忽略的，这些企业往往是某个领域里的先进科技企业，别人可能未必会了解，除非是业内人士。它不像互联网，大家都很关注，一说Facebook（脸谱网），所有人都知道，但是如果你不在这个行业里，你根本不会知道这些公司。

各个行业里的颠覆者组织到一起，我认为才真正地改变了全球的科技，包括各个产业的格局。互联网相对而言有它的价值，但是它并不是全部，甚至可以说只是比较小的一部分。

大企业并不会因为小企业的竞争立刻就消亡，为什么？因为当一个企业做大了以后，它就有了持续提供服务和持续提供产品的能力，就平台化了。比如腾讯，它原来只提供QQ服务，但是它一旦平台化，一旦有众多数量的用户，它就可以搭载别人的业务了。所以，它现在成了最大的游戏渠道，甚至也可以说是最大的内容分发渠道。也就是说，当它平台化以后，如果它承担了更多的服务，而且都能够有所保障的话，它其实就有了生命的延续。

但是，我们很难期待这些人再去自我革命了。不是完全没有机会，而是概率是非常低的。这个时候，他们想要完成革命，往往要靠并购。即使最广为称道的，号称拆散成了无数个内部创业公司的Google，它的自我革命也不是每次都能成功。比如，Google最近收购了一堆机器人公司。大家都觉得Google机器人很快要做起来了，但现在看起来好像是消化不良，它又准备把其中最有名的Boston Dynamics（波士顿动力）吐出去了。

公司一大，人员必然臃肿，哈佛大学教授克里斯坦森在《创新者的窘境》这本书里试图找到解决方法，但我认为他没找到。当人数众多了以后，根本就没法避免人员臃肿的问题，这是一个不可解的问题。话说回来，是不是非得要解？

我有一个观点，人类进化到今天，成了地球上的统治物种，并不是因为我们的祖先追求长生不老，而是因为我们的祖先追求他们的后代更优秀。

坦白讲，我们的知识水平、能力肯定比一千年以前的人类祖先要强。企业其实也是一样，因为商学院的教授们拿的钱是大公司给的，所以要帮大公司研究大企业如何不朽，但真实的情况是无数个小公司在不断地冲击大公司。

这种时候，大公司会说："我可以用收购的办法来解决，我财大气粗，我看谁长起来了就收购谁。"但是，这些年小公司成长的速度大大加快了。就像刚才讲到的财富1000强的替换速度都加快了，快到什么程度？快到很多优秀的小公司，大公司还没机会收，就已经大到它收不了了。咱俩已经一样大了，或者我比你还要大，你收不掉我了。现在，这是一个很明显的现象。

为什么会出现这个现象？有很多原因，第一个原因就是风险投资。小公司慢慢靠利润滚动来积累、来发展，肯定很慢。但是，人们一旦看到这个公司有非常强大的未来，就会砸大钱进去帮它长大。而风险投资在一定意义上讲就是用来抵御大公司并购的。

另外一个原因是积木式创新。过去的企业是内生式的发展，搞完研发还要去搞产品设计，搞完产品设计还要去搞产品生产，搞完生产还要全球去铺渠道，全球铺完渠道还要全球做营销。基本上是线性的，一件事一件事地做完，才能把这个企业做大。所以，一个企业要做到全球化，没有百年是做不到的，没听说过5年、10年就做到国际化的。

但是，现在有了互联网，全球越来越平了，大家的协作越来越密切。这个时候，国家之间的差异消失了，全球都是通用的商业规则，包括信用都是统一的了。合作双方的信用都可以事先了解到，所以很容易找到合作伙伴。一个特别好的产品出现以后，大家都愿意跟他一起拼积木。大公司需要的所有功能，现在用一个叫“产业生态”的办法就做出来了。这个公司的成长速度就会变得极快，大公司已经收购不了了。

同时，因为它用的是产业生态的办法，所以和过去的企业经营有两个地方不同。第一个不同，企业规模比过去小多了。Facebook在2012年上市的时候，用户数量接近10个亿。当时，中国移动在中国的用户数量也接近10个亿，但是中国移动有10万名员工，而Facebook上市之前只有3400名员工。员工数量这么少怎么做业务呢？就是通过大量的协同。

第二个不同，因为它自己的员工数量很少，所以靠协同做事的时候，就不能用过去的管理，管理的核心是控制。我们都知道泰罗制。最早的时候，工厂就是把人像机器一样去使用，那时强调的是控制。但是现在，国外开始兴起一个新词叫leadership，就是领导力。有点像部落首领去打仗一样，靠的不是让你们在前面冲锋陷阵，而我像皇帝一样在后面躺着，反正打不着我，而是我要身先士卒、我要英勇善战、我要带动大家，我让大家感受到我的个人魅力、个人的号召力、领导力，大家才会跟我一起协同。毕竟，大家跟我没有从属关系，之所以跟我协同是因为共同的愿景。所以，咱们共产党带兵打仗那一套东西正在国外兴起，都是因为协同生态造成的。

我经常碰到这种难堪的局面，就是我跟别人说我在美国做投资，一年有一半的时间在那边，对方下一句话一定会说："你在硅谷啊？"或者说："硅谷怎么样？"我说不是硅谷，是在美国。

为什么这么说呢？硅谷曾经辉煌过，而且确实是很多创新公司的源头，甚至可以说是风险投资的一个主要的源头。但是今天，创新已经扩散到了全美，创新现在的主流模式是一个企业家从高校拿到科技成果以后，做5～8年的研发，把这个产品做上市。可想而知，真正需要的协作者是高校那个科技发明人，就是教授。现在的创新企业有一个显著的特点，我称之为"双长制"。一定有一个特别棒的CEO，加上一个特别棒的教授，只要这两个条件具备，这个公司应该就差不了。

而且，这两个条件是互相衡量的。也就是说，如果这个教授特别牛，那么他的专利一般不会随便给人，他会给一个特别牛的CEO。反过来讲，一个CEO如果已经连续创过两次业，把两个公司都带上市了，现在他又重新出来创业，没有好科技肯定是说不动他的。所以，基本上找到牛CEO就能找着牛教授。两个都牛，这个公司就差不了。

在这种情况之下，你会发现，创业不再是和硅谷相关，而是和高校相关。所以，今天美国的创业公司呈一个扩散状态，但是扩散背后又有它深层次的原理，这个原理就是都在高校周边。

硅谷依然有它的优势，但是这个优势已经发生了转化。第一代硅谷是电子产业的硅谷、是硬件的硅谷，是惠普，是Intel（英特尔）。现在，这个硬件还在延续，大量电子产品还是在硅谷制造的，但已经不是主流了，或者说不是风头最盛的那部分了。

第二代硅谷是互联网的硅谷，包括这之前的软件的硅谷，就是比尔·盖茨、乔布斯这些人的硅谷，包括现在扎克伯格的硅谷。但这个硅谷的核心不是科技，而是创新，是反传统，甚至有一点点反社会，因为这些人初出茅庐的时候都是一二十岁的小伙子，而且和社会的主流文化格格不入。

如今，第二代还存在着，因为它没什么壁垒，互联网公司就是靠业务模式创新。我们过去老指责中国人抄袭老外，似乎外国人的道德很高尚，从来不屑于干这种事。现在，你会发现，中国的很多业务模式美国人也在抄，尤其是在这个业务模式没有注册为专利的情况下，抄袭不犯法，不犯法又能赚钱的事谁都会干的。所以，如果你出了一个新的业务模式，要想让人不抄袭，想要创业成功，就必须得加速快跑，跑得越快越好。最好快到什么地步？当你的用户积累到一定程度，开始滚雪球了，新用户加入一定先选你这个应用的时候，你就赢了。

前提就是，你的增长要越快越好。怎么做到？要用最牛的人员，给他最高的薪水，再加上最好的VC（风险投资），投了很多钱，估值也很大，未来估值更好。这种时候，大家就会玩命给你干活，加班加点、熬夜给你干，也许就是下一个Facebook。

这种模式，现在全世界都扩散出去了，但是硅谷依然有它的优势。全世界技术最好的人依然愿意跑到硅谷去找工作，因为他们知道在硅谷可能被下一个Facebook这样的公司雇到，待遇很好，而且给的期权也很好。他在这样的公司里面可能工作5年，这个公司一上市，自己后半辈子就不用干活了。

风险投资家也喜欢这种模式，因为投这种公司叫轻资产，而且加速快跑。也许几年就做出来成了Facebook，死掉了也无所谓，因为风险投资本来就是投风险的。这种砸大钱、找牛人、玩命快跑的模式在硅谷是最显眼的。

但是，这个模式有它的局限性，因为符合这个模式的公司数量不会太多，全世界各个行业不会因为业务模式被全部颠覆。真正搞生产的公司还是要产品过硬才行，绝大多数领域里面是没有产品模式创新的。或者说，当一个领域里的一个公司启动了产品模式创新以后，很多传统领域的人就可以学会了。

比如图书领域，美国出了个亚马逊模式创新，在网上卖图书。那么，卖运动衣的传统公司看到你在网上卖图书就会受启发，就会开网店去卖运动衣。就不会再有另一个在网上卖运动衣的电商公司崛起了，因为传统公司在借鉴业务模式上也不慢。所以这种时候，业务模式的机会其实是相当狭窄的，这个还有点硅谷特色。

积木式创新

其实，硅谷和其他地方没有区别，硅谷里面有斯坦福大学这样的好高校，旧金山北边有加州大学伯克利分校，里面有加州大学旧金山分校。这些都是一流的大学，很多创业公司都是围绕着这些大学来的。但是坦白讲，这种创业已经不是硅谷特色了，而是新的一轮开放式创新的明显特色，就是围绕高校、利用知识产权来创业。

造成今天硅谷现状的因素都仍然存在，但是曾经属于硅谷特色的部分，并不是未来特别重的一部分，真正重的部分硅谷并没有特别明显的优势。

它带来的结果，在我们的投资上显示了出来。我们投了很多美国东岸的项目，因为斯坦福大学的机械工程、电子工程、计算机专业都很好，但是麻省理工学院也不差。从高校创业这个大趋势来讲，在人工智能、虚拟现实这样的时髦领域，斯坦福大学确实还有优势，但是总的来说是硬件较好的高校都有优势，不光是斯坦福大学。

比如，过去哈佛大学的创业者比麻省理工学院要多，但是这几年麻省理工学院的创业者比哈佛大学多，而且好的项目要比哈佛大学更亮眼。还有卡耐基梅隆大学，因为它有机器人系。所以，这些高校孵化出来的科技项目会更有优势。斯坦福大学硬的部分也不错，但早已经不是一枝独秀了。

比如，现在最时髦的工业机器人Rethink Robotics。我们都说，工业机器人会改变整个制造业的结构，但是传统的工业机器人，尤其是在中国过度宣传了的日本和德国的工业机器人。他们的特点是什么？就是强调精度，强调产业的整合。德国人讲工业4.0，强调的是整个产业的无缝整合。但是实际上，创业者最不适应的就是无缝整合，就是一堆规则，因为没有一个创业者是在大公司里干了好几十年出身的，你给他一堆规则反倒束缚他了。而美国的工业机器人是用来思考的，Rethink Robotics的设计原则就是：我本身就不是让你来支持我，让你来懂我，应该是我来懂你。

所以，它的要求是：任何一个创业者、一个创新者，只要能够做出一个产品，我的机器人照着模仿一遍，就能把它做出一百个、一千个、一万个来。不需要你懂我，不需要创业者会编程，我的机器人会学你。而日本、德国的机器人都没有这种学习能力，也没有这个柔性，高下立现。

前面讲过，未来的趋势将是由这些小公司的创新者带动的，而不是大公司持续地去创新、创业。这种时候，就要求所有资源应该以小公司的创新者为核心来配套。他要做大，你就能赚钱，如果你不为他配套，自吹自播自己的制造能力有多么多么强、多么多么先进，核心的问题是没得可造了，因为新产品不在你这儿，在人家那儿。

全球工业集群最亮眼的一颗明星叫Rethink Robotics，哪里来的呢？麻省理工学院的大学教授创办的。

最近，美国麻省理工学院的华人科学家张峰经常被各大媒体提及，因为他有一个专利技术，叫CRISPR-Cas9，就是基因编辑技术。基因编辑技术将会改变整个基因产业，就像搭积木一样，能随便加入或者减少某些东西。这就意味着我们对基因的处理能力大大增强了，甚至有机会创造新物种了。我们暂不谈那些伦理问题和风险问题，这个技术本身将使科学进步，甚至使得医药研究跨上一大步。

前不久，美国有个大学宣布，他们正是在基因编辑技术的帮助下，已经成功地从人体细胞内把HIV（艾滋病）病毒删除掉了。艾滋病最恐怖的地方就在于，它会钻到细胞里头，让这个细胞看似还是正常细胞。而我们人体所有的防御机制只能识别普通的细菌和病毒，看似正常的人体细胞它是识别不出来的，就进不去、杀不掉。但现在利用基因编辑的工具，就可以把感染了艾滋病病毒的细胞里面的艾滋病病毒去掉。这是个惊人的发现，如果进展顺利的话，可能三五年之内，人类就可以宣布克服艾滋病了。

这只是基因编辑技术的应用之一，其他应用就太广泛了，比如也可以用在农业上。这个技术是2013年1月初次发表于*Nature*（《自然》）杂志上的，基本上是三家大学同步研究出来的，现在拿到所有专利的就是麻省理工学院的张峰团队。拿到专利后，张锋与人联合创办了Editas Medicine公司。这个公司是2014年才成立的，现在已经上市了。这个公司也不在硅谷，而是在美国东部。

这样的例子其实非常多，很多亮眼的公司都在美国东部，包括我们投资的一家无线充电的公司，是麻省理工学院的Marin Soljacic教授创办的。他是个天才，拿过美国的麦克阿瑟天才奖。这个奖是专门颁发给各个领域内具有非凡创造性的杰出人士，获奖者一般被看作本专业内的领军人物。

他为什么能拿到这个奖呢？我们都知道电的发明者是爱迪生和特斯拉，特斯拉发明了交流电。特斯拉有个遗愿，就是实现无线充电。他死后N多年也没人做到，一直到2005年，Marin教授正式在物理学杂志上声明，他利用磁共振的原理实现了超距离的电磁传送。这个是非接触式的，而且是有一定距离的。今天，这个公司做到什么水平了呢？它主要给电动车供电，因为电动车的供电电流是最大的，要6.6千瓦。这个功率比电缆还要高，就是说电缆的供电效率还不如无线充电高。

既然做到了这个水平，要搁以前肯定是被GE这样的大公司买了，但是现在它是一个成长得特别快的独立公司，根本不要GE的钱，只要战略投资人的钱。而且，它自己是要独立上市的，因为它眼看着就是下一个世界500强了。

如果说开放式创新是个大帽子，积木式创新就是开放式创新的一种。积木式创新的特点，就是它的科技来自高校，高校是其中一块积木。而企业家是核心积木，把高校积木拿进来，协同研发者做积木，然后再生产销售这些积木，围绕它做起来。

算法没有专利

另一个类型是什么呢？现在很多时髦的技术，比如人工智能、虚拟现实，它们都有一个特点：它们也有研发者，但研发者往往研发出来的只是一个算法。这个算法往往还是公开的，当然，也会有一些技术秘密，因为毕竟研发者对这个算法用得最熟，但总的来说很难保证研发者一定是掌握得最好的，因为别人看到这算法以后没准儿也能掌握。

这和前面说的专利有天壤之别，因为专利是即使你掌握了同样的技术还是做不了，因为专利是人家的，你用了就是侵权。可是，算法没有专利，你能掌握就拿去做好了。

比如，轰动一时的谷歌AlphaGo战胜了李世石。AlphaGo背后的公司叫DeepMind，被谷歌收购了。这家公司之所以有进步，也是因为有一个加拿大的教授叫戴密斯·哈萨比斯（Demis Hassabis），他发明了一个与人工智能相关的新算法。这个算法被业内普遍接受了，所以现在人工智能的整体水平有了一个质的提升。

但是，没有人会给这位教授钱。这一学术成果一旦公布，就是全社会共享的资源。这种开源（Open Source，开放源码），就是软件项目上的公共协作，在美国不光在学术界，在很多领域都是广泛使用的，包括无人机技术。无人机做到今天各种的飞控，甚至协同，算法其实都是开源的。

美国TED的负责人克里斯·安德森，也提出来一个理论，叫作“群体加速的创新”：如果每个人的创新都可以共享，而且可以辅用，最后这个创新一定会越来越快，因为每个人都会跟人比，要在别人的创新技术上往前再走一步。

但是很不幸，这个理论有一个问题，它是没壁垒的。你发展得快，我可以比你更快，所以今天你看似领先，明天可能就会被我超越，因为你领先的所有东西我都可以学走。

开放式创新

有一本畅销书叫《异类》，它的核心理论是一万小时理论。就是说，任何一个人要成为专家都要花一万小时的时间。比如比尔·盖茨、乔布斯都是1955年出生的，到了20世纪70年代计算机崛起的时候，他们正好积累了一万小时的经验，所以他们是最专业的人，未来就很辉煌、很成功。但是，现在一万小时理论有点失灵了，因为现在有很多人，我管这些人叫over qualified，就是过于合格了。什么意思呢？比如，我们在海外投项目会请律师，虽然律师都有专攻，有些只做企业的案子，有些只做投资的案子，我们去找懂投资的律师就行了，但是，没有一个做投资案子的律师是只懂投资的，他一定学过《民法》《刑法》等。

我们毕业后出来工作，往往只能用到我们学习的知识的十分之一，有些人甚至十分之一都用不到，其他东西是不是白学了呢？现在看起来不是，因为其他东西都是积累，相当于你已经积累了9000小时，等到一个新的突破出来，你不是从零开始学，只需要补上最后的1000小时，甚至100小时的功课就行了。

1000小时有多久？一天如果学8小时的话，就是125天，也就是4个月。所以，这种开放式创新，如虚拟现实、人工智能这些领域，一个企业做出突破来能比别人领先多久？其实也就是4个月。所以，别看DeepMind的AlphaGo战胜李世石有多么拽，它可能比中国人就领先4个月。

带来的问题就是竞争过于残酷了。这一点，我们在中国也能看到。我们都认为IT是一个知识含量很高的工作，但是我们又把IT从业者叫作码农或者IT民工，为什么？因为知识含量再高，壁垒不够的时候，薪水也会下降，何况现在几乎人人都是over qualified——过度合格了，一旦一个新知识上来，大家都会迅速涌入这个领域。所以我预期，这几个开放领域都会特别热，这个热度会造成这几个领域的专家数量极度膨胀。

在AlphaGo战胜李世石之前，人工智能其实是一个很窄的领域，全球称得上专家的人应该不过1000人，但是由于有了这种轰动效应，我认为三五年之内这个领域的专家会扩大到百万级的人数。可以想象，竞争增加了上千倍，企业是很难生存的。当然，一定也有胜出者，因为越困难的环境越锻炼人，最后的胜出者可能更厉害。

这尤其适用于现在这些软件及开源项目，包括很时髦的项目。综上所述，这两个合起来，一个是有专利壁垒的，一个是没有专利壁垒的，但是总的格局都是开放式的。不像以前那样全部在公司内部搞，都是跟人大量协作的，所以我们统一称其为“开放式创新”。

开放式创新的两个特点

其实，开放式创新的作用不光是速度加快了，速度加快是一定的，所以我们说社会进入了一个指数级增长期。这个指数级增长期不是今天才进入的，其实从工业革命时期就进入了。指数级增长的特点是什么？就是在任何一个给定的点上往前看一定是平的，因为前面一定比你差很多，往后面看一定是陡的，因为会越来越快。

狄更斯在《双城记》的开头说：“这是最好的时代，这是最坏的时代。”现在就是一个最好的时代，也是一个最坏的时代。在指数级增长这个曲线上，任何一个点既不是最好的，也不是最坏的。未来一定比现在好，过去一定是坏的，所以我们是在中间位置。这是开放式创新第一个特点，未来一定会越来越快。

第二个特点，同时有很多其他的特质造成未来越来越快，一个特质就是协同越来越强，而且协同的复杂度越来越高。

举个例子，美国航空航天局（National Aeronautics and Space Administration，简称NASA）十几年前发现自己举一国之力去搞航天飞机都搞不定，因为美国航空航天局最开始是希望把航天飞机做得像波音747一样，每天起降一次。后来，发现只能做到每年起降一次，每隔5年还要摔一架，后来受不了了，干脆开放掉。开放以后，一批民间航空公司就起来了，现在最出名的就是美国太空探索技术公司（SpaceX），它的主营业务就是运载火箭。SpaceX有一个弱点，就是它的运载火箭不适合载人，因为人在上面会很不舒服。所以，有很多公司就去研究载人飞行器，像小航天飞机一样飞上天。

美国航空航天局都搞不成航天飞机，可见里面有多么精密。但是，我们投了一家公司，今年就会试飞。这家公司有多少人呢？110人。110人怎么搞得成这么复杂的东西？道理很简单，大量协同。

这家公司的负责人给我举了一个例子，我就明白了它的协同复杂度到了什么程度。他说，航天飞机的起落架不能用普通民航机的起落架设计，因为民航的起落架是侧收，就是向里收或者是向前收的。向前收的好处是：下降的时候，一旦起落架打开不完善，还可以通过摩擦力把起落架向后拉直，这样就能够把它完全打开了。但是，战斗机不行，因为战斗机速度太快了，向前收是收不上去的，只能向后收。航天飞机和战斗机一样速度快，也只能向后收，所以起落架就得找战斗机起落架的设计公司。真有这样的公司吗？真有。美国有一家公司只干一件事，就是设计战斗机的起落架。就得有做得这么细的协同伙伴，才能把航天飞机攒出来。要不然，每个领域都要自己摸成专家，估计100年后也搞不出来。

现在看起来，复杂协同的趋势已经很明显了。协同性越来越复杂，搞一个产品，协作的单位就会越来越多，不像以前全是自己搞或者找一两家合作，现在10家、8家公司一起协同搞一个东西特别正常。

这个特点带来一个要求，也是现在美国的一个创业趋势，这个创业叫作“城市化趋势”，就是大城市的创业者多起来了。为什么呢？因为协同很复杂，就要多家都凑在一起。如果是在硅谷，那么这几家公司要碰个头就特别难，更别说堵车堵得很厉害了，这件事就很难办。但是，你如果在旧金山、洛杉矶、纽约或者波士顿，这件事就很好办，因为人群密度大，协同办公式的场所越来越普及。

协同办公的好处并不仅仅是省了办公费用，而是大量的公司可以直接到办公场所的会议室开会。一碰头，就开始协同研发了。从这一点上来讲，协作的深度就大大增加了。

人类历史中，协作的深度一直是文明程度的一个重要标尺。协作水平越低，文化程度就越低。今天，我们无疑是又进入了一种更深层次的协作。过去的协作基本上都以贸易为主，我给你钱，你给我东西，它的长期性不够。未来的协作都是研发的协作，甚至大家要在一起干好几年，才能搞出东西来。这个难度就大了很多，但是基本上已经在克服的过程中了。

中国式创新的挑战

中国式创新既有挑战，也有机会。挑战就是我们对创新的理解不够，我们以为创新就是拍脑门，以为创新就是多出几个乔布斯。为什么是乔布斯？乔布斯有点子呀！其实不是这样的。

《科学美国人》杂志两年前刊登过一个长篇文章，专门对全球创新做了分析。我到现在还经常引用那篇文章里的话。我们以为创新只是少数人脑子中的灵光一现，实际上，创新是各个复杂单位的高度协同。创新的核心是协同，而不是拍脑门。协同要求各个小的细分单位都有优秀者，优秀者把积木搭起来，就会出现好多创新。这实际上是协作，是一个网络结构的协作。这是第一。

第二，这个协作主导者是谁？就是完成创新核心步骤的那家公司，它是要把科技固化成产品的。不管是有专利式的创新还是开放式的创新，都要走完这一步，都要把科研成果转换成用户能够使用的商品，不管它是硬的还是软的。

产品化往往是协同的结果，但是产品化的主导者是谁？美国有很多这样的企业家，他们的核心就是把一个科技发明转化成产品。我们甚至可以推算出这样的企业和这样的企业家的数量。

我曾经用美国的数据做了一个完整统计。美国政府为企业界研发投入费用是从1981年开始的，在这之前数额不大，就没统计。顺便说一句，企业研发的费用在中国无法统计，因为我们以为科研就是高校对接生产，所以我们去统计每年中国的科研费用，但是美国的经验表明，科研和生产是对接不上的，这中间缺少一个产品化的过程。产品化需要5～8年和上千万的投入，没有这个步骤是实现不了的，迄今为止我没见到过例外。

中国这块是缺失的，但是美国是有明确数据统计的：1981年，企业界的研发投入是500亿美元，到了2013年突破了3000亿美元，而且从这个变化里能看出来谁是主力。我一开始就说小企业是主力，现在证据来了。

1981年，大于2.5万人的企业占企业研发成本总投入的70%，他们是主力，小于500人的企业是微乎其微的，在这里面占了不到5%，几乎可以忽略不计。

到了2013年，变成了大于2.5万人的企业在整个产业研发投入里面的比重从原来的70%缩到了35%，缩至原来的一半。增长最快的是底下少于500人的企业，从1981年的不到5%涨到了

20%。20%是什么概念？现在总共是3000亿美元的研发投入基金，20%就是600亿美元，这就是被少于500人的小企业每年花掉的研发费用。

这种少于500人的企业花那么多钱做研发，基本上可以确认它就是一个研发型企业。这种企业没有别的收入，就是一门心思用5～8年的时间花上千万将科研转化成产品。产品成功，它就成功了，转化不成就死掉了。这些企业大多数都是风险投资支持的。

我们还可以进一步做个计算，1000万美元的收入，5～8年的时间，那么每家公司每年的花费差不多就是200万美元，甚至更高。用600亿美元除以200万美元就得出这种企业的数量了，3万家。就是说，3万家公司拿到了最先进的科技、最先进的专利，它们的任务就是希望在5～8年里把这些专利做成最先进的产品推进市场。当然，失败率会很高，可能只有百分之一、十分之一的胜出机会，但胜出者无疑都是最优秀的，无疑都有机会成为下一个世界500强，因为下一个巨大的跨国企业会改变它所在产业的格局。

这也就意味着，市场上不只3万家创业公司，不只3万个好的CEO，不只3万个好的创业者。这几万个优秀CEO有足够好的信用、有足够好的经验，都在干转化的事。

而中国这个人群整体缺失，中国高校的科研出不来，企业不知道怎么把科研产品化。我们的政府虽然鼓励高校教授创业，但是产品化这件事是企业经营，需要个好的CEO。CEO和科学家的素质是不同的，所以，要求一个教授创业，又要懂研发，又要懂企业管理。理论上讲有可能，但实际上成功率会很低，因为两种能力集于一身的牛人实在太罕见了，不能说完全没有，但数量极少。

所以，美国并不是这么干的。很多人跟我开玩笑说，乔布斯之所以伟大在于他信佛，所以他怎么怎么样厉害。我说："你知道吗？乔布斯生前一分善款都没捐过，你听说过信佛的人一分钱都不捐的吗？"乔布斯伟大并不是在信仰上，而是伟大在他不是一个科学家。但是，他善于把最前沿的科技整合到自己的产品里，然后推向市场，使得一个科技进入市场的速度大大加快，造福社会的速度也大大加快了。从这个意义上讲，他是这3万名做产品转化的企业家的典型代表。这些人懂科技，但他们不是自己去搞科技，不是科学家，只是最善于用科技。

打个比方，坦克是第一次世界大战后期英国人发明的。我们都听说过"凡尔登绞肉机"的故事。英军当时在打阵地战，希望阵地的某个点被突破的时候，坦克可以冲上去，把被突破的点堵住，避免造成整个阵地的崩溃。所以，坦克是防御用的，而且数量极少。

那时候的战术是骑兵正面冲锋，后来有了马克辛机关枪，骑兵冲锋这个战术就终结了。到了"二战"，德国人发现坦克能够抗御敌人的机枪子弹，所以坦克又来到正面冲锋这个战场上来。在战争中，科技往往是被使用得最淋漓尽致的。

我们可以用战争来类比商业，商业应该是二者的结合。

要用最好的科技，用科技形成坦克。但是，不是纯科技就有用的，要用适应科技的所谓商业模式、战略战术来做调整，使得科技的能力被放到最大化。

科技是高效的发明，但是科技的能力如何最大化，这个就是CEO的贡献。也就是说，他们不是研发出坦克的人，但他们是能研究出闪电战的人。

但是别忘了，我们中国人鼓吹了半天业务模式，如果失掉了坦克这个前提，打闪电战无异于拿骑兵对着马克辛机关枪去冲锋。所以，我们有闪电战特别好，但是如果我们还能抓住科技，那就真的比科技发明人还有优势了。

中国式创新的机会

再举一个乔布斯的例子，乔布斯的成功始于iPod音乐播放器。当时，乔布斯有一个构想，他认为每个人都应该把自己的音乐曲库搁在兜里，能随身携带，想听什么就听什么。而不应该是当时的惯常做法，当时是买一个MP3，里面可以装10首歌，我的曲库还在我的电脑里，我想听什么还要导出来。他认为这是不对的。

这就是一个闪电战的想法，关键是还要有坦克。所以，乔布斯到处去找，一个能装得进兜里，又能装1000首歌的小玩意，可惜美国没有。他一直找到日本，东芝研制出了一个3.5英寸的高密度硬盘。

当时，东芝研制出这个东西后像英国人搞出来坦克一样很尴尬，因为这个东西比MP3需要的存储量大很多，却又比一台电脑需要的存储量要小，所以两头都没市场：电脑不用它当硬盘，MP3也不用它当硬盘。这时候，被乔布斯看中了，这正好是他想要的，所以他就直接买断货了，让东芝以后所有的商品全供给苹果。等到iPod在全球大行其道以后，他直接花钱把对方的专利买回来了。

这就是一个活生生的例子。如果你是一个好的企业家，是一个懂得基于科技做闪电战的人，你可以借助你的市场优势反过来对科技实现控制。说白了，就是你能把坦克的专利买下来。

这就是中国的危险带来的另一个机会，我们的危险是没有这群人才把科技产品化。那么，我们的优势在哪儿？我们有市场，我们有钱。阿里巴巴的上市在全球给中国做了一个活广告。以前，我们在海外做投资，别人首先会问："您是什么基金？给我看一下您的背景，有钱没钱？"自从阿里巴巴上市以后，我们只要说我们是中国基金，就没人再问这些了，都知道中国人有钱了。

更重要的是，我们有制造能力。现在，有很多的流行谬误，比如日本的马桶盖特别好，可是马桶盖支撑得了国民经济吗？德国人工业4.0特别好，为什么iPhone不在德国做，却选择在中国做呢？因为我们的制造能力是世界最优的。

有人会说："不对呀，你看中国有那么多假冒伪劣产品。"这不是能不能的问题，而是想不想的问题。中国能不能造得好？能。那些造假者想不想造好？不想，因为造好很贵。所以，中国在能力上没有问题，而且我们不是世界第一，而是世界唯一具有大规模的复杂产品的开放制造能力的国家。大规模的复杂产品的制造能力，德国有，韩国有，日本也有，但是它们不对外开放，这就是为什么iPhone只能到中国造。中国沿海有一大堆OEM（原始设备制造商），就是专门开放给第三方做大规模制造的。

这个能力其实不简单，很多跨国企业是没有的。内部协调可以，对外它没法做，因为它不会，更别说复杂产品的开放制造了。美国人自己在作坊里能鼓捣出特别复杂，但是不能大规模制造的产品。

《从0到1》的作者彼得·蒂尔有句名言："我们想要一辆会飞的汽车，得到的却是140个字符。"这也是现在硅谷的问题之一，它喜欢轻模式，喜欢投完了以后迅速膨胀，最起码投涨1000倍。硅谷的VC风险投资分析排行榜有一个特点，排名靠前的企业不是投赢的企业多，而是投中了那几个最大的企业。你只要投中了Facebook，就算其他投资都失败，在硅谷的VC里仍会排第一。

他们追求的并不是知识产业，而是能投中Facebook就中奖。这种时候，他们会重软轻硬，因为软的成长速度快，成为Facebook的机会更大，所以美国的硬件企业日子不好过。

我在美国跟客户交流的时候说："我们真投了飞行汽车公司，但是我们只是投资人。我们只做了一件事——把它介绍给吉利的董事长李书福，见面谈了两个小时。"这时，中国的优势就显现出来了。第一个优势，大规模制造对中国不是事儿。复杂产品的制造能力美国人也有，但是大规模就不行。这家公司很优秀，它在自己的作坊里造了两辆车，已经在天上飞过无数次了，而且是世界上唯一一个有两张牌照的公司：它的车可以随时开上公路，也可以随时开进机场；把翅膀放下来，跟塔台一联系就可以起飞，因为它还有飞行牌照。但是，它只造出来两辆，造不出两千辆、两万辆来，因为量产需要很多钱，而且需要技能，这个我们中国人才有的技能：中国人觉得这件事很容易，而对方又有先进科技，正好可以对接得上。

中国还有一个优势，我们的经济是快速发展起来的。其间，我们对环境的适应和迅速反应的能力表现得淋漓尽致。所以，吉利跟他们谈了两个小时，一周之内，负责投资的高级副总裁就带着团队去考察美国企业了。一个月之内就签了投资合同，2016年春节前后第二笔投资就到位了。

制造是我们中国的一个大优势

我们往往会去贬低制造业，过去有个"微笑曲线"，似乎研发端是好样的，营销顾客端是好样的，制造业最不值钱。但是，前提是什么？我认为一个东西值不值钱，要看它在产业链里面有没有独一无二的地位和控制力。如果你是唯一的，你就值钱。比如，当初的Windows，这个电脑操作系统为什么值钱？因为软件有一堆、硬件有一堆，只有Windows是唯一的，唯一性就决定了赚不赚钱。

当初，这个“微笑曲线”的提出，是因为PC机刚开始量产的时候，台湾人蜂拥而上搞第三方代工。他们窝里斗，谁来找，他们都做，而且代工的技术含量又不够高，造成他们不值钱了。并不是说制造真的不值钱，有唯一性的制造业还是值钱的。

这个唯一性体现在哪儿呢？不是体现在传统大企业的制造，比如帮东芝代工，那不值钱，因为东芝自己能设厂。它体现在为创新者代工上，比如美国新搞出来一个产品，这个产品谁能帮它造？你找大公司都没戏，找谁呢？这帮人都会找到深圳去。

举个例子，我们都知道Kickstarter现在是时尚产品的发布地，最牛的产品都会直接用这种众筹的方式发布。Kickstarter现在形成了一种新模式，就是我先有个想法，然后拍成一个视频放在上面众筹。拿到钱了，立刻直奔深圳找人生产。这说明什么？说明只有中国能够制造，尤其是复杂的产品。比如Terrafugia飞行汽车，你想到美国设一个汽车厂，根本没戏。只有在中国，找个汽车厂改改就能帮你生产了。

大规模的制造能力其实没有我们想的那么简单，尤其是针对第三方的、开放的大规模制造能力真的是不容易。现在，全世界企业都往中国跑。就我知道的扎到深圳的美国创新者就有一堆，因为真要实现量产，不到深圳几乎不可能实现。

包括3D机器人公司，就是号称做无人机最领先的公司。前一阵子，这家公司宣布破产了。创始人克里斯·安德森很诚实地说："我破产的原因很简单，我干不过大疆。"

为什么"干不过大疆"？这是一个开源领域，在这个领域里面做到世界领先，往往也和世界第二或跟随者差不了4～6个月。我曾经拜访过华为，他们说："我们在全球的通信研发领域都有跟踪。一旦发现别人有什么突破，我们会立刻派兵去攻占。所以，我们和世界前沿的时间差永远不会超过6个月，6个月之内我一定做得出来。"

这和我们评估的所谓从一万个小时理论变成一千个小时的理论差不多，就是4～6个月。这看似有点优势，但实在太短了，落实到制造上，就不是4～6个月能解决的问题了，就是一年半、两年才能解决的问题。所以，虽然美国人可能在开源领域领跑我们4～6个月，但一到设厂的环节就会比我们晚一年半、两年，加到一起我们会后发先至。他们实际上是起了个大早，赶了个晚集。

所以，他们跟我们合作是强强联手，把他们的研发优势和我们的制造优势结合。如果不合作，指不定谁赢谁呢。这种时候，你就会知道制造是我们的一个大优势了，千万不要忽略。

其实，全世界的经济规则都是很简单、很容易理解的，只要不断地往外卖东西，经济就会发达。美国过去经济为什么那么好？虽然对中国来说，中国卖给它的很多，但是对全世界来说，它卖给全世界的更多。它的软件、影视都是往全世界卖，就是把全世界的钱带到本国来，本国的经济当然就好。

中国也是一样，过去30年，中国的优势就是我们的制造业不断往全世界卖东西。现在，很多人说，我们需要靠拉动内需来补足，我觉得这只是一个次要的部分。如果我们的制造业不能振兴，内需一定也拉不起来。

典型的例子就是印度。印度的制造业不灵，它也想提振内需，老百姓也想买东西，可是兜里没钱呀。厂子也没有，生产不出来，还得从国外进口，更贵。印度也有像阿里巴巴一样的电商，但是它的估值连阿里巴巴的1%都不到，就是因为印度以硬件制造为核心的产业没有形成。

中国现在讲“双创”，鼓励创业、创新，鼓励海归回来创业，鼓励科技人员创业。说实话，我觉得其实最该鼓励的是我们的制造业如何和世界先进科技结合，实现下一次升级。

我们的制造业如果能和世界最前沿的科技结合，我们的制造业也一定是最好的。而且，这一轮结合和以前不一样，以前的结合是和世界500强谈，人家在你这里设厂就不错了，是政府要求必须设厂，这种时候肯定只能赚到一点代工费。

现在，它们都是一些小企业，不光需要你的制造能力，还需要你的市场、你的投资。你三位一体跟它合作的话，你至少是它的二股东，甚至一不小心还会变成大股东。所以，这种时候获取的利益和在这个产业中的控制力是远远高于以前的。而且，这种操作是完全市场化的，不违背任何WTO原则。我们是用市场化的手段，光明正大地帮助世界最先进的生产力实现科技突破。我觉得这是中国人的光荣。

从一些细节上去挑理是没有意义的，比如有人说，中国人连圆珠笔尖都生产不出来。我不认为它是关键产业，全球已经形成了一个产业生态，本来就是互相供货的。你要说有些东西是中国人生产不出来的，还有更多东西是老外生产不出来的呢。大家本来就是共存的，从一个点上去说我有你没有，是没有说服力的。

从整体上讲，中国是有掌控力的。比如前面举的那个例子，那么多电子产业的美国人要跑到深圳来，不管是做可穿戴设备的，还是做手机的，只要是做复杂点的电子产品的，通通都往中国跑。这说明什么？说明中国能制造。我不认为制造iPhone需要的精度比圆珠笔尖要差。这种东西中国人都能制造，为什么做不出来圆珠笔尖？只能说明一点，可能那不值得我们制造，因为一个技术不够高的时候，一定会流向相对便宜的地方，我们留下的其实是技术水平最高的东西。所以，我认为我们要去客观地看，不能只见树木不见森林。从森林的角度来看，我认为中国相当强大。

我们一直有一个误解，似乎当不了创新的原创者就不过瘾，就代表你不够强，所以我们中国人最喜欢讲自主创新。薛兆丰老师有一句话：“创新就是个技能。”你听说过自主创新，听说过自主物理和自主数学吗？听说过自主游泳吗？因为创新是个技能，能掌握就是好样的，至于从哪儿掌握，当然是从最先进的地方学来。

我们的制造业到今天有优势，也是因为我们跟世界500强学的。世界500强的制造技术无疑是最好的，我们学完了以后又加上一个开放性，我们就成了世界上最好的。因为世界500强当时不够开放，是被逼着把技术转让给了我们，被逼着教我们怎么开放的。结果没想到，我们变成世界最好的了。

那么，未来我们能不能和世界最先进的科研企业、研发企业学习，把研发也通过学习达到世界最好，变成全球创新最领先的呢？这种自主、不自主，我觉得只是个过程，掌握了世界最先进的就是好样的，这时候没有必要追求结果。

不需要每个部分都创新

现在，整个创新产业链是个复杂结构，不代表每一部分都要创新。比如，一辆车好不好，要衡量发动机的转速、衡量它的输出功率，你不能方向盘也衡量转速、输出功率，后视镜也衡量速度，对不对？它们各自的指标是不同的，而绝大多数时候它是以配合为主，并不需要自己有多么新。

所以我说，一个创新的产业链里绝大部分其实不新。有人承担创新，有人承担协同，有人承担广告，有人承担渠道，有人承担生产。不是每个部分都需要创新，每个部分都创新反倒坏了，因为整个系统就构建不成了，整个创新就乱了。

比如，第一次工业革命兴起以后，除了带动科技发展，让欧洲、美国致富以外，中东也致富了。中东创新吗？不创新，但它有石油，石油是整个科技工业革命很重要的一种能源。所以，独特性是第一位的，只要你有，别人没有，你就会赚大钱。现在，中东的地位有些动摇了，因为俄罗斯也有石油，很多非洲国家也有大量石油出口了，中东就被削弱了。

我认为这一轮的科技革命也有类似的特质，我们要衡量的是，哪个产业链的哪个环节能够被中国人实施强大的控制。一旦我们能控制，即使不创新，也会反过来控制那个有创新的部分。

科技革命时代的石油就是大规模的生产能力，因为这时候能源已经不是主要问题了，复杂产品要量产不容易。如果这个能力只有中国人有，我们就等于是石油输出国一样，就能够享受到超额的利润。这种时候，从结果的角度来看，谈自主创新不如谈对创新产业链的控制。

第四章

商业思维的升级

你的价值不是取决于老板给你多少钱，而是取决于你创造了多少价值、你的能力有没有得到提升。

01 | 物种战争：重新理解商业社会

人类——自然界最大的杀手

我经常跟一些热衷于环保的朋友聊起人类的历史这个话题。在很多人的观念中，人类的历史好像是分成两截的：一截是工业革命之前，我们过着天人合一的田园生活，和大自然和谐相处；一截是工业革命之后，现代社会来临，我们变成了大自然的洪水猛兽，破坏了生物的多样性，因为人类活动更加频繁，二氧化碳排放量越来越多。

其实不是这样的，人类自从脱离了动物界成为人类，还没有像样的文明的时候，我们就已经是大自然，尤其是生物多样性面前最大的杀手了。大量的动物灭绝，实际上是现代社会到来之前的事情。

有一个材料说人类发源于非洲，之后来到了亚洲大陆，然后有一个阶段白令海峡被冻住了，人类趁机就从北边绕到了美洲。人类的脚步按当时的速度来看是非常快的：在16000年的时候，我们到达了美洲；然后用了2000年，就到了中美洲；又过了2000年，到了南美洲的南端。

人类自从入侵美洲开始，就是美洲的生态灾难。北美洲原来有47种大型动物，人类来了之后其中的34种就灭绝了。南美洲就更惨了，原来有60种大型动物，人类来了之后灭掉了其中的50种。什么猛犸象、剑齿虎，我们现在都只能在古生物博物馆里面看到它们的化石或者复原的模型。所以，这种类型的物种战争，人类从来都不怕。在历史上，我们从来都是常胜将军。

《上帝的跳蚤》

我们怕什么？怕的是那种跨度最大的物种战争，就是貌似强大的人类与貌似非常渺小的病毒和细菌之间的物种战争。事实上，尽管人类的医学发达到了今天这个地步，我们仍然没有把握打得赢这场物种战争。

西方的很多科幻片，讲的都是一个新的病毒变异出来之后，导致整个人类灭绝的故事。这把达摩克利斯之剑始终悬在人类的头上，我们拿它毫无办法。

当年，毛泽东写了一首诗，其中就说到这样一个处境：

“绿水青山枉自多，华佗无奈小虫何！千村薜荔人遗矢，万户萧疏鬼唱歌。”就是说，华佗这样的名医，拿小虫子都是没有招儿的。

我原来对这些知识也不甚了解，但是这几年来，我不断地琢磨这个时代的商业问题，大家不觉得与此有点像吗？那些貌似庞然大物的大公司，一个个莫名其妙地倒下了，就像一场瘟疫。而现在最神气的，反而是那种像微生物一样，或者像蟑螂一样的小型创业公司，他们似乎迎来了自己的时代。我想，也许过不了多少年，就会有人发明一个词，叫“大公司的黑死病”，用来描述我们正身处的这个商业时代。

现在，市场上还流传着很多词，比如病毒式营销、细菌化传播等。看来了解一点与细菌、病毒相关的知识，对于理解现在的商业环境大有好处。我对这个领域的了解来源于一本叫《上帝的跳蚤》的书。

这本书的作者叫王哲，外号“京虎子”，医学出身，后来做了专职的科普作家。我的朋友在给我推荐这本书的时候说，王哲是中国科普作家中文笔最好的，看完之后果不其然，写得真是精彩。

黑死病肆虐欧洲始末

让我们回到细菌、病毒和瘟疫的话题。人类历史上最有名的瘟疫，就是14世纪在欧洲爆发的黑死病。其实就是鼠疫，只不过当时的人根本不知道这场病和老鼠有啥关系，准确地说是不知道和老鼠身上带的细菌有啥关系。当时的人连细菌、微生物的存在都不知道，怎么可能将其命名为“鼠疫”呢？

为什么叫它“黑死病”呢？是因为得这种病的人，马上会神志不清、意识恍惚，紧接着就是呼吸困难。这就会导致患者全身缺氧，皮肤呈黑紫色。再加上患者临死的时候，腋下、腹股沟的淋巴肿大呈黑紫色，死状非常之恐怖，当时人为它起名为黑死病。

我们现在看欧洲史，总觉得黑死病那个时代是一个非常漫长的黑暗时代，其实这是个错觉。只不过，那场灾难的规模来得实在太大、太凶猛，所以很多人都写过那段历史。其实，黑死病的剧烈爆发，前前后后不过五六年的时间，但是它迅速横扫欧洲，当时有2500万～3000万人死于此病。这是什么概念？这就相当于当时整个欧洲人口的三分之一，真乃人间地狱。

这场病是怎么来的呢？追根溯源，得找到蒙古人身上。当时的欧亚大陆除了西边一小片属于欧洲之外，剩下的都是蒙古人的天下。当时，欧洲人管蒙古人叫鞑靼人。这一点我们都知道，成吉思汗带领他的子孙一路往西打，一直打到多瑙河，建立了人类历史上幅员空前广袤的蒙古大帝国。可是，这么大一片地方怎么管呢？当时也没有好的统治技术，于是只好按老办法，分封给子孙。

除了中国的元朝之外，还建立了蒙古四大汗国：察合台、窝阔台、伊儿和金帐汗国。金帐汗国还有一个译名，叫钦察汗国，它的统治区域大概是从今天的晋东一直到中亚这么一大片地方。我们对蒙古人有一个误解，总觉得这个民族除了会马上作战、挥刀杀人，什么也不会。其实，蒙古人在崛起的将近两百年时间里，对人类历史的贡献是巨大的。它是一个非常精于通商，而且支持通商的民族。尤其是这四大汗国和元朝建立之后，可汗、皇帝都是自家兄弟、自家叔侄，互相之间的贸易壁垒等于是被彻底拆掉了，那个阶段恰恰是欧亚大陆上贸易最为繁荣的一个阶段，金帐汗国也不例外。

说到做生意，欧洲最会做生意的是什么人？意大利人，其中最有名的就是热那亚人。热那亚人弄条船，从地中海出发进到黑海，装上东方的瓷器、丝绸等，然后运回欧洲卖，于是就发财了。发财之后，他们就想："能不能在东方搞一个我们自己的贸易基地呢？"相来相去，相中了克里米亚半岛上的一个地方——卡法。但卡法是金帐汗国的地盘，归蒙古大汗，于是他们就跟大汗做生意，说："我们给您点钱，您能不能把这个地方划作我们的殖民地呢？"

放在今天来看，这可是主权问题，怎么能随便割让土地呢？这不就好比1840年鸦片战争之后的香港吗？但当时的蒙古大汗一看给银子，就允了。于是，卡法就成为欧亚大陆上一个非常繁荣的贸易中转站。

各个民族、各种宗教信仰的人都在这里做生意，难免就会起冲突。1343年，一次大冲突发生了——热那亚人和穆斯林打架，最后捅死了一个穆斯林。怎么办呢？穆斯林们一想，这是意大利人的地方，在这儿告也没处告，诉也没处诉，于是跑到蒙古大汗那儿去告状。

蒙古人原本没有什么宗教，他们极其宽容而开放，征服到哪儿就信哪个地方的宗教。这个时候的蒙古大汗札克别汗，刚好信了伊斯兰教。一看穆斯林跑来告状，他就要替他们做主，于是带着自己的军队浩浩荡荡地跑去卡法打仗，把城市给围起来了。

此时，蒙古人已经崛起一百年了，军事实力已今非昔比，卡法围城战没打起来，双方就在那儿耗着较劲。蒙古人不撤兵，热那亚人也不投降。这一对峙就是4年，到了1347年，蒙古人一看也没什么胜算的指望了，就撤了。

卡法城一解围，很多热那亚人就坐上船回家了，结果出事了。船上出现了黑死病，第一艘船是在西西里岛登陆的。登陆的那个城市，马上有将近一半的人死掉了。要知道，黑死病有一个特点，就是从得病到发病、死亡，最快也就半天时间。可想而知，对大家带来的那种震撼。很多人在街上走着走着就倒下去了，马上就死了。热那亚人也是这样，有一半人口死于此病，剩下的人一哄而散。这就是黑死病到达欧洲的第一站，发生于1347年10月。

紧接着，黑死病兵分两路。一路于1348年扑到了西班牙南部，造成了大量的人口死亡。然后到了法国，法国东南部城市阿维尼翁几乎全城死绝。之后直扑向神圣的罗马帝国，就是今天的德国和奥地利一带，也带来了大规模的死亡。

英国国王此前已然知道欧洲大陆上发生的惨状，虽然他并不知道有所谓细菌的存在，但是总觉得要做好万全的防备，所以干脆下令封锁了英吉利海峡，连鱼都不准打。但是没有用，1349年，黑死病还是攻陷了英国，而且在英国造成的人口死亡比例甚至高于欧洲大陆，英国损失了40%的人口。当时的伦敦有5万居民，迅速就降到了3万。英国的人口总数直到17世纪才恢复到原来的水平，所以英国的损失是最大的。两年后，黑死病跨过波罗的海来到了北欧，在瑞典一带又来了一次大爆发。

另外一路从神圣的罗马帝国，一直扑向东边的俄罗斯。按说，俄罗斯地广人稀，不利于细菌的传播，但是也没逃过毒手。1352年，黑死病在俄罗斯大爆发。但说来也奇怪，1352年之后，疫情迅速就缓解了，黑死病很快就从欧洲绝迹了。前后闹了五六年的时间，造成了30%的人口死亡。

欧洲人到底是怎么对治的呢？当时，所有的医疗手段，无非是催吐疗法、放血疗法等，人们根本不知道微生物的存在。还有人觉得这就是上帝的惩罚，就拿根铁鞭子抽自己。或者拿一块烧红的炭块，去烫自己的淋巴，因为淋巴肿起来了。其实，当时所有的治疗方法，现在来看都是无效的，但是黑死病居然从此就从欧洲绝迹了。

当然，在这个过程中，有一桩公案一直是有争议的——黑死病到底是怎么来的？有一个热那亚人叫莫里斯，据他讲，是卡法城解围的时候，蒙古人因为打了四年没打下来，就报复性地用抛石机把那些得黑死病死掉的人的尸体扔到了城里，这才导致了黑死病的大爆发。

所以后来就有人说，蒙古人是搞细菌战的鼻祖。根据《上帝的跳蚤》这本书的作者分析，这纯属无稽之谈。细菌战不是谁都能玩的，蒙古人自己得有防护措施才行，不然蒙古人早就死绝了。没准儿是蒙古的军队当中已经开始流行黑死病，所以他们才退军的。然后，热那亚人出城一看，蒙古人死了，碰触了尸体才染上了病菌。还有一个证据，当时热那亚人守城的时候，是有火炮的。火炮的射程是一公里，所以蒙古的围城大军一定是在城墙之外一公里的地方驻扎的。请问，当时哪有那么强大的抛石机可以把尸体抛出去一公里，扔到城里来呢？所以，这是不可能的事情。

当然也可以理解，没准儿是当时的欧洲人觉得，我们这么崇拜上帝，上帝他老人家怎么会用瘟疫来惩罚我们呢？一定有坏人在背后在捣鬼，这个坏人就是蒙古人，所以编出来这个故事，让大家觉得能够自圆其说而已。

黑死病到底是怎么来的?

不过，这就带来一个问题：黑死病的病毒到底是从哪儿来的？这个谜底一直到几百年之后才揭开，而且是中国人揭开的。

人类历史上一共爆发过三次鼠疫。一次是公元7世纪，那次大爆发也很厉害，大概死掉了全球的1亿人口。第二次就是前面讲述的那次，虽然人口损失没有第一次多，但是因为它爆发在文明的核心地带，所以引发了很多人的恐慌。很多人都书写过这段历史，所以变得非常有名。

第三次大爆发是什么时候？19世纪晚期，爆发在东亚，准确地讲就是中国。1894年，先在中国的云南爆发，然后火速蔓延到广东，最后登陆香港。香港的城市人口密度相对较高，所以很快就死掉了两千人，三分之一的香港市民逃散一空。

当时，香港的繁荣程度虽然和如今没法比，但它毕竟是英国在远东最大的实行殖民统治的地区，还是有国际视野的。当时的香港总督向国际社会求援，就来了很多医疗队。其中最著名的是两支，一支来自欧洲的瑞士，还有一支来自亚洲的日本。

日本医疗队中有一个国际著名的细菌学专家，叫北里柴三郎。这个人第一次在老鼠的尸体里发现了鼠疫杆菌。这是人类历史上第一次把老鼠和这种病结合起来，把这种病的致病源和细菌微生物联系起来，这才算揭开了鼠疫的面纱。

当然，香港这一次疫情很快就过去了。16年后，也就是1910年，鼠疫又在中国的东北大爆发。这算是同一次疫情吗？对，就是同一次，因为像鼠疫这样的大瘟疫，它的爆发和延续是用100年为单位来计算的。现在，国际上还有专家讲，我们仍处于第三次大鼠疫疫情当中。

1910年已经是辛亥革命前夕，鼠疫来势汹汹，从辽宁到黑龙江，在很短的时间内就死掉了6万人。当时的官府其实也有一点常识，因为在16年前，人类已经掌握了这门知识，知道了老鼠和鼠疫之间的关系。于是，官府就悬赏，一只老鼠可以换7个铜子儿，大力发动人民群众上街灭鼠。

当然，成效也不错。就我们现在看到的资料显示，在沈阳一地就灭掉了25,000只老鼠，整个辽宁省灭掉了10万只老鼠。但是没有用，疫情一点都没有得到缓解。我们前面讲到的那个日本医疗队在北里柴三郎的带队下又一次来到了中国，来到了最危险的地方。日本大夫又去解剖老鼠，解剖了一万只。这是多大的工作量啊！他们用这么大的工作量只证明了一个事实：这次事件跟老鼠没关系。从一万只老鼠里面都没有找到鼠疫杆菌。

群医束手无策。最后解决这次疫情的是一个中国人，他叫伍连德。具体来说，伍连德是个华侨，出生于马来西亚的槟榔屿——当时是英国的殖民地。他的父母是开金店的，很有钱，所以从小就给他以最好的教育。他也比较争气，一直上到了英国牛津大学，取得了全世界华人中的第一个医学博士。后来周游列国，到法国、美国去学医，年纪轻轻就已经是名医了。然后，他被袁世凯请到了中国，先是在北洋政府开办的天津陆军军医学堂任副监督（副校长职），后来因为东北的疫情，又把他派到东北出任全权总医官，深入疫区领导防治。

伍连德到了东北之后，他发现这次疫情确实跟老鼠没关系，而且和十几年前在香港爆发的淋巴腺鼠疫并不是一回事。于是，他提出了一个全新的概念——肺鼠疫，就是通过肺、通过呼吸、通过飞沫进行传染的一种全新的鼠疫类型。而且，后来他通过大量的研究发现，这次疫情跟我们常见的那种老鼠没关系，而是跟野外的旱獭（也有人称为土拨鼠）有关。

这就让我想起了国际政治上的一个概念——地缘大锤。就是整个欧亚大陆的中心地带，中亚、西伯利亚、蒙古、中国北部这一片地方，在历史上经常会兴起一些草原民族。他们像风一样来去，比如匈奴、突厥、蒙古。他们像大锤一样，不断地捶打亚欧大陆的边缘。在亚欧大陆这个舞台上，这样的历史戏剧上演了一出又一出，剧情都差不多。

鼠疫其实也类似这样的地缘大锤。来自中亚和西伯利亚、蒙古这一代的旱獭，身上潜伏着这种鼠疫病毒，然后每隔几百年来上几个大锤。

以前，旱獭为什么没有作乱？为什么在这个时候突然爆发了呢？后来有人研究，其实跟那时候旱獭的皮毛生意有关。突然之间，旱獭皮变得非常值钱，所以很多华工就去捕捉旱獭，要它的皮。

旱獭得病之后，窝里的其他小伙伴就会把它撵走。得了病的旱獭眼睛看不清楚，行动自然比较缓慢，有经验的猎人一看这样的旱獭碰都不敢碰。但是，那些华工只想着挣钱，胆大包天，看到这样的旱獭也把它捉回来，扒它的皮，甚至吃它的肉。所以，这一次鼠疫大爆发，其实源头就在那些华工的工棚当中，他们吃了这种生病旱獭的肉。

搞清楚了瘟疫是来自这样一种动物，而且传染的渠道也比较清楚了，是通过空气当中的飞沫传播，然后进入肺，感染到人体。所以，伍连德迅速就制订了一系列的防疫措施，比如他发明了一种加厚口罩，这种口罩后来就被命名为“伍连德口罩”。

最有效的方法当然就是隔离了。所有得病的人住到一起，跟其他人远远地隔离开。用这个办法，只用了半年时间，这次疫情就被扑灭了。所以，伍连德在1935年甚至被提名为诺贝尔医学奖的候选人，虽然后来没有当上，但这是当时华人距离诺贝尔奖最近的一次。

鼠疫的故事基本上就结束了。鼠疫为什么容易被人类扑灭呢？我们不要看它特别凶狠，得病半天就有可能会死亡。而且，它寄生在野外的啮齿目动物身上，是老鼠它们家的亲戚。这一家子可太厉害了，全世界40%的哺乳类动物都是它们家亲戚。所以，如果从理论上讲，人类不能把老鼠消灭的话，那么鼠疫病菌就会始终存在，始终是一个潜在的威胁。

为什么最后它被人类消灭了呢？原因只有一个，鼠疫病菌有一个天然的缺陷——它的稳定性太强了。现在的鼠疫病菌和它的老祖宗长得一模一样，于是就变成了一个固定靶。以前，人类的技术水平没有达到，干不掉它；现在技术一发展，轻轻松松就能把它干掉，因为它始终不变。

自从20世纪上半叶，人类搞出了抗生素，什么庆大霉素、氯霉素都可以杀灭鼠疫细菌，鼠疫就再也不能危害人间了。

细菌和病毒有什么分别?

微生物界我们刚刚说到了细菌，还有一个更狠的恶魔，我们还没有讲到，它就是病毒。

细菌好歹是一个细胞，是个生命，可是病毒完全没有细胞结构，仅仅是一小片断的遗传物质，外面裹着一小坨蛋白质。在体积上，这两者之间完全没法比，虽然都小，但是细菌可是一个细胞级别的存在，而病毒只是分子级别。所以，用显微镜就可以看到细菌，但是只有用极高倍数的电子显微镜才看得到病毒。

同为微生物，它们的遗传和繁殖方式可是完全不一样的。细菌是通过分裂，而病毒是通过复制。这二者之间有什么区别？比如罗胖是一个细菌，那我繁殖的方式就是把我自己一分为二变成俩。如果我是一个病毒，我会在我的环境中找寻构成另外一个我的必需材料，然后按照我的遗传结构去复制一个新的罗胖。所以有的时候，细菌反而怕病毒，因为病毒可以钻到它里面，利用它的蛋白质复制无数个自己，最后把细菌整死。

它们之间还有一个区别，就是人类在打这一场物种战争的时候，用的手法不一样。我们经常说的一个词叫杀菌，我们可以用抗生素破坏细菌的细胞壁，把它杀死。我们对待鼠疫杆菌用的就是这套方法。

可是，这个方法用在病毒身上完全没用。“杀病毒”其实是个很外行的说法，因为人类是很难杀死病毒的。我们只能间接地去激活人体自身的免疫力，去干扰、抑制病毒的繁殖和复制。所以，精确的说法是“抗病毒”，而不是“杀病毒”。

所以，感冒之后，大把大把地吃抗生素是没用的，因为抗生素只能杀灭细菌，对病毒完全无效。其实，人类至今也没有一种针对感冒的特效药，现在最好的感冒药也不过是缓解我们的感冒症状，让我们在感冒期间活得相对舒服一点而已。

天花病毒到底厉害在哪里?

你不要以为病毒对我们造成的干扰，仅仅是感冒这种级别的疾病，天花也是一个和鼠疫同等量级别的人类杀手。当然，天花的致死率没有鼠疫那么高：腺鼠疫的致死率大概是70%，肺鼠疫是90%，还有一种败血型鼠疫的致死率是100%；天花病毒没有这么凶残，表面上看它只有30%的致死率。它到底厉害在哪儿呢？

第一，它不像鼠疫那样是一波一波的，中间还能让人类消停那么几百年，它一直都在大量地收割人命。

第二，天花的传染性要远远高于鼠疫。鼠疫毕竟是飞沫传播，即使是借助于空气，也必须有飞沫。可是，天花是分子级别的存在，它的重量更轻、个头更小，借助于呼吸之间的空气就可以传染出去，所以它的传染性更为烈性。

第三，得了天花之后，即使你九死一生逃过一劫，是那幸运的70%，脸上也会留下终身的疤痕，就是麻子。什么是麻子？它可不是青春痘，就是天花的后遗症，满脸的坑坑洼洼。

天花在整个人类文明当中，造就的恶果实在是太严重了，它几乎是现代化社会之前所有人一生中要过的一道大坎。比如，清代在皇位传承中就非常看重继承人是否得过天花。当时，顺治皇帝有俩儿子，一个叫玄烨，就是后来的康熙大帝，还有一个叫福全。其实，这两个孩子在顺治皇帝心目中的位置是差不多的，所以选择继承人的时候，他就有点拿捏不定，而且他跟太后之间的观点还不太一样。最后怎么办的呢？他就去请教高人。这个人是一个欧洲来的传教士，叫汤若望。

汤若望是耶稣会的传教士，他讲了一句话，就让顺治皇帝迅速地下定了决心。他说："这两个皇子都不错，但是只有玄烨出过天花，这个坎他过去了。而那个福全还没出过天花，这孩子能不能长得大，谁也不知道。"就这么一句话，就决定了大清江山到底归谁。由此可见，在现代化之前，全人类对天花的那种恐惧。

中国是1961年宣布天花灭绝的，世界卫生组织宣布在全球范围内天花已经绝迹是在1980年，这可是人类和微生物之间的物种战争中唯一一场全胜的战役。

严格来讲，天花灭绝了没有？美国和俄罗斯的实验室里，还保留着最后的天花病毒，而且没准儿有些邪恶的国家会保留一部分天花病毒，在将来遇到什么大战的时候，拿出来当生化武器。其实，第一次海湾战争的时候，就有人说，没准儿萨达姆有这东西。当时，美国总统老布什说，如果他敢用这个，我就敢用核武器揍他。

我们暂且假设天花病毒已经彻底灭绝了，可是，不是说病毒很厉害吗？怎么就灭绝了呢？

天花有三个缺陷。

第一个缺陷是它只在人身上存在，所以在人群中找不到发病者，基本上就可以认为它灭绝了。这跟鼠疫不同，鼠疫在啮齿目动物身上存在，所以我们永远也不敢说这个病毒已经灭绝了。

第二个缺陷就是一旦得了天花，好了之后终身免疫。因为天花病毒和鼠疫杆菌有同一个缺陷，就是稳定性极强，一旦被人体的免疫系统防住，那就永远有效。

第三个缺陷就更有意思了，天花有一个猪一样的队友。虽然天花只在人身上存在，但是它有一个亲戚，叫牛天花。牛得了这种天花之后，只是身上起一些小的泡泡，没有致病性。而且，这种牛天花能够传染到人身上，人也能得，得了之后也是起一些小泡泡，没有性命之忧。

所以，有一个英国医生爱德华·詹娜，就是利用这一点，在1798年发表了一篇文章，写了他两年前的一个发现：那些挤奶的女工，身上会得一些牛天花，一旦得了之后，跟人的天花是交叉免疫的。就是说，得了牛天花之后，一旦好了，人天花也不会得了。

人们就利用这个原理，在全世界范围内广泛接种牛痘（牛天花）。

后来，果然就在全世界范围内消灭了天花。可是,你千万不要以为，人类在和病毒这场物种的战争中就稳操胜券了，我们已经看得到胜利的曙光了吗？其实还远着呢。因为像天花病毒这样缺心眼的病毒是很少很少的：首先，它万年不变；其次，它有猪一般的队友。人类打胜这一仗，可以说是幸运到了极点。

其他病毒的变异性是非常强的，比如流感病毒。流行性感冒和我们平常得的伤风感冒可不是一回事，它是一种剧烈的传染病，而且也杀人无数。最著名的一次就是1918年，第一次世界大战的后期。在历史上，这场大流感被称为“西班牙大流感”，其实这是让西班牙人背了一个大黑锅。当时，整个欧洲都被流感侵袭，但是因为是在战争期间，各国都怕军事信息泄露，所以施行新闻管制。只有西班牙是中立国，所以它的新闻在发表之前不需要通过审查，报纸上天天都充满了各种大流感流行、死人的消息。于是后来，大家都觉得这场流感只在西班牙特别严重，其实哪里是那么回事呢？

这场流感真正开始于美国，在堪萨斯州的一个军营里率先爆发，当场就死掉了38个人，然后迅速传到了欧洲。最后死了多少人？5000万人，比中世纪的黑死病还要厉害，因为当时全世界的人口不过18个亿。也就是说，仅仅这一次疫情，害死的人就比“一战”和“二战”害死的人的总和还要多。

更要命的一点是，流感病毒不断地在发生变异。我们知道的禽流感、猪流感这些病毒，虽然没有造成大范围的杀伤，但是为什么大家会很紧张？正是因为我们根本就不知道它下一次变异，会不会变成一个吃人的恶魔。

你可能听说过一个词——“流感疫苗”，好像打了就可以防治流感病毒。对，但是你防治的就是今年的，而且今年的流感病毒的变异也是科学家们猜出来或者说研究出来的，他们并没有百分之百的确定性。就算科学家们猜对了，研究对了，但是能防治的也仅仅是今年的流感，我们拿明年的流感照样束手无策。

所以，在病毒这个奇妙的未知世界面前，人类还渺小得很。号称“世纪瘟疫”的艾滋病，它厉害就厉害在两方面：第一，它直接摧毁人的免疫系统；第二，它在不断地变异。所以在艾滋病面前，我们人类的进步还非常非常有限。

病毒启示录一：千万不要小看小物种的崛起

从前面讲的，你可以看到：一个病毒只要不变异，它再强悍，人类也能把它拿下；如果它不断地变异，人类还是束手无策。从微生物的这个特征当中，我们回过头来想我们面对今天的商业环境，可以得出什么样的启示呢？我们从这场战争当中可以得到什么样的启示，以帮助我们理解现在的商业环境？

我自己得到的启示大概是三点。

第一点，小物种的崛起表面上看会给大物种带来灾难，会带来大量的死亡，也就是瘟疫，但是结果不仅仅止于此。不仅仅是死了一些大物种就完了，它对大物种未来的生态环境造成了一种不可预测的质的影响。

这也正是《上帝的跳蚤》这本书写得最精彩的地方。它可不是什么普通的科普著作，它等于是从疾病和瘟疫的角度重新书写和解释了一遍人类历史，其中很多结论非常之精准。

就拿黑死病来讲，虽然它消灭了当时欧洲三分之一的人口，但是如果站在一个更大的视角上来看，它的影响实在是太多了。比如，缓解了欧洲人和自然资源之间的紧张关系，因为黑死病袭击过后，大量的财产、土地被留存了下来，欧洲的经济结构出现了非常深层的变化。

再比如，欧洲排犹运动的高峰就出现在黑死病肆虐期间。根据现在我们能看到的材料，仅仅德国的两个城市，位于莱茵河左岸的美因茨当时杀掉了1.2万名犹太人，位于法德边境的斯特拉斯堡杀掉了1.6万名犹太人。因为欧洲人觉得犹太人总是跑来跑去做生意，疾病就是他们带来的。黑死病导致对犹太人的迫害，从而形成的民族独立，对今天的国际政治其实也有影响。

更重要的影响在于，黑死病给欧洲人的精神世界带来的变化。在沉沉黑暗的中世纪，时代的主旋律就是信仰上帝，相信上帝会给自己最终的救赎。可是，黑死病一来，上帝也救不了自己，遍地的尸体让人类重新思考生命的意义，于是就带来了文艺复兴。

文艺复兴有一个标志性事件，就是意大利作家卜伽丘写作了《十日谈》。《十日谈》的写作背景就是黑死病，几个年轻人为了躲避黑死病跑到乡下，没事可干，就天天在一起讲故事，最后结集为《十日谈》。

所以，文艺复兴，包括后来欧洲的近代化运动，其实都始于黑死病。《上帝的跳蚤》有一个章节的题目叫《一记差点让人类灭绝的猛药》，作者认为黑死病是人类文明的一味药，没有这次巨大刺激，近代化就不会发生。

现在的商业生态也是这样，看见一些小的创业公司的崛起，刚开始我们觉得它根本不算什么，但是它崛起之后带来的商业后果我们其实根本无法预料。

就像有人说，滴滴打车崛起之后，受伤的并不是出租车公司，而是广播电台，因为出租车师傅时刻盯着打车软件，看下一单活儿在哪里，就不听交通广播了。

再比如微信的崛起，它到底伤害了谁？刚出来的时候，大家觉得中国移动很受伤，后来觉得新浪微博很受伤。可是再往下发展，也许电商的环境都会被改变。

所以，我们不要小看任何一个小生物的崛起。它带来的不仅是破坏，而是生态大结构重整的机会。所以，对这个时代的创新，我们千万不能掉以轻心，也千万不能小看了它。

病毒启示录二：重新理解现在商业竞争的实质

我得到的第二点启示是，重新理解了现在商业竞争的实质。回过头来看物种战争，它清晰地分成了三个竞争层次：最浅的是力量之争，深一点的是数量之争，最深的是多样化之争。这三个层次可以一一映射到现在的商业现象里去。

如果你认为物种战争是最浅的力量之争，你什么都解释不了。比如说，人和狮子打架，谁会赢呢？表面上看，狮子的力量是大过人的，但是现在狮子是濒危物种，人类反而是地球上最成功的物种，你怎么解释？

商业也是这样，如果把商业竞争仅仅理解为两个企业在资本、技术等各种实力层面上的竞争，你就压根儿不懂现在的商业。你必须往深处看一层，一个全新的、名叫“数量之争”的逻辑，正在现在的商业市场上浮现出来。

微生物凭什么把人类折腾得死去活来？就是数量有优势。我们作为一个巨大的种群，虽然现在有几十亿的数量，那又如何？跟微生物比，我们的数量还差好几个数量级呢。现在的商业竞争也一样，很多庞大的公司觉得：我这个物种很强大，那些创业者很渺小。但是别忘了，群狼斗老虎，指不定谁赢。当这些创业者获得一个数量级上的优势之后，其实是会翻盘的。

举个例子，小米刚出来的时候，有多少人嘲笑它，说这个手机又便宜，质量又不好，等等。可它是活在资本洪流中的一个新物种，它在资本的补贴下，有实力迅速把自己的价格降到一个位阶，用这个位阶迅速在市场上扩张它的数量。回头一看，那些原来得意扬扬的老物种因为价格昂贵，所以数量稀少，已经被驱逐出了这个市场。

小米生态链里面投资了一家装修公司，叫爱空间。它把原来新房装修市场上每平方米2000块钱以上的价格，拉低到了每平方米699块钱。这个价格挣钱吗？当然不挣钱，但它可以靠这个价格迅速攻占市场。等它的产品上线之后，就可以迅速成为北京城最大的一家装修公司。

获得数量优势之后，它要干什么？当然是用这个优势去跟上游供应商谈判：我采购你这么多地板、这么多油漆、那么多马桶，你是不是得给我降点儿价？这样，它的利润空间就出来了。

所以，数量竞争是一种全新的玩法，那些没有数量的老家伙、老物种，打破脑袋也想不清楚这套逻辑是怎么玩的。当然，我们还可以继续往下看，那就是多样性竞争。

从前面物种战争可以看出：当一个病毒迅速变异的时候，

即使人类医学发达到现在这个程度，仍然拿它束手无策。可是，如果把这个问题反过来看，就更有意思了。

说一句不太符合人道主义的话，就算人类没有现代医学又如何？微生物、病毒、细菌真的能把人类消灭吗？不可能。黑死病干掉了欧洲三分之一的人口，又如何？还是少数，更多的人不是活下来了吗？中国人民历朝历代受天花的折磨，又怎样？我们不还是变成了全球人口第一的大国？所以，微生物是斗不过人类的，靠数量没用，因为人类有多样性。

我们再回到生物演化的历史上来看，对于微生物来讲，它的繁殖方式非常简单，就是分裂或者复制，一个变俩，两个变四个，四个变八个……所以，它的数量上的效率是极高的。可是，为什么那些高级一点的物种，偏偏不是用这种数量占优势的自我繁殖方式呢？它们发明出了两性繁殖。可是，两性繁殖在数量上没有效率啊。首先得求偶，公的、母的互相之间得看对眼，好不容易生下一个蛋或者一只崽，还要慢慢把它养大。

看过纪录片《帝企鹅日记》的人都知道，南极的企鹅好不容易才能生下一个蛋，然后把它放在自己的脚面上，把自己的大肚子覆盖在上面，需要在南极的寒风中瑟瑟发抖好长时间，才孵化出一只小企鹅。这在数量上完全没有优势，但是它获得了一个多样性上的优势——父亲和母亲生下一只崽，然后和别的父亲和母亲生下来的一只崽继续结合，接着往下生。每一代都结合了其他个体巨大的差异，形成了一个全新的个体，所有个体之间都不一样。

为什么黑死病、鼠疫拿人类没办法呢？因为我们人类每个人都不一样，虽然有三分之一的人因鼠疫死了，但剩下来的人对你完全免疫。你拿他们没招，这恰恰是人类存活至今的根本性的秘密。

商业上也是一样。很多公司说，这个互联网时代冲击非常大，我要变革。可是你看变革的公司，往往它希望整体地变化过去，从过去的物种变成一个新物种。变得过去吗？变不过去，为什么？因为你追求的仍然是单一性，而不是多样性。

中国有一家公司非常值得尊敬，也有辉煌的历史，叫苏宁。它一直想变革成一个互联网时代的电商公司，但是没有成功。为什么？有一个朋友跟我讲，看来是成功不了了，因为直到今天，做了电商业务的苏宁公司里，还非常讲究员工着装的规范性，就是员工必须穿公司设计的、统一的西装。而且，公司还会派人核查，谁穿得不对头是要扣分、扣奖金的，会全公司通报批评的。所以，我那个朋友讲，它不可能变革成功，因为直到今天它还在追求单一性。

甭说硅谷那些公司了，中关村的互联网公司里面，大家穿得都千奇百怪，甚至穿着拖鞋就能上班。你以为这是松松垮垮吗？不是，是每一个人的想法，每一个人的志趣、爱好、性格，他的多样性，在这样的新型公司组织里都可以被容纳。这才是一个互联网公司。

记得有一次，我请教柳传志先生，问他："像联想这么大的企业，你们怎么有信心在互联网时代活下去呢？"柳老先生回答："我不是现在做投资了吗？很多新东西，我不懂，怎么办？我做投资公司，我把它买过来或者投一点，然后跟着人家学。"

联想旗下有好几家投资公司，他用这种方式，这跟物种战争里面的两性繁殖有点像。要么嫁闺女，要么娶媳妇，总而言之用各种各样的混搭、穿越、杂交，形成自己的多样性。这样的公司没准儿就可以活下来。这是商业竞争的三个层次。到最后，实际上拼的就是多样化的能力。

病毒启示录三：商业新物种的出现最值得警惕

从物种战争中，我得到的第三点启示就是：在这个商业时代，最值得我们欢欣鼓舞，也最值得我们期待，更值得我们警惕的就是那些商业新物种的出现。

2015年，中国的电影市场上出现了一个新物种，大家觉得看不懂，都说是烂片，比如《何以笙箫默》《有一个地方只有我们知道》，还有《小时代》。很多观众出了电影院就开始骂，但是很奇怪，它们的票房都非常好。

而有一些非常严肃的老导演就觉得，这种烂片的排片率那么高，而他们拍出来的高品质的电影，那些院线居然不给排片，这背后是不是有什么黑幕？

其实，并没有黑幕，这是市场决定的。这背后的逻辑是什么？就是新物种出现之后，老物种看不懂。对于传统的电影导演来说，他们会先寻找一个好故事，找到一些靠谱的演员，封闭性拍摄，精雕细刻，最后捧出一部电影作品，然后放到院线里面去碰运气，看票房好不好。

可是现在，这些所谓的烂片是怎么做出来的？它有几条逻辑。

第一，先根据大数据的调查，摸清楚什么样的故事能有人气，故事好不好不重要，人气爆棚才重要。

第二，把大量的广告商引入电影拍摄的流程中，甚至为那些植入的广告产品专门设计情节。在成本上，它就获得了第二个优势。

第三，引入的那些电影演员可能演技不怎么样，但是他们是小鲜肉、是偶像，有粉丝基础。

第四，拍摄的过程相对开放，会不断引一些粉丝到片场去探班，从而引爆微博话题。

再有一点，它可能是烂片，但是当每个人出了电影院都开始骂的时候，它就成了一个社会话题。很多人都觉得这部电影烂，但我没看过，这就意味着在社交场合，我跟别人没法沟通。得了，我就花点时间买张票进去看吧。因此，票房又增加了一截。

所以，这两种电影还是一个物种吗？我们都以为到电影院是去看电影的，但是所谓的烂片其实是一个互联网产品，它是用一种更大范围内的生态打造出来的新物种。跟那些传统电影导演搞出来的东西相比，不是一个级别的存在。它们是工业时代的产物，是互联网时代的产物，这怎么竞争？所以，它的票房，它在商业上的成功，是一件确定性的事情，传统的玩法怎么能和它比呢？

对一个新物种来说，不在乎它强大不强大，也不在乎刚开始的时候它有没有缺陷，关键是这套逻辑大家没有见过，它在上下游的生态中没有天敌，所以它就可以疯长。老鼠就是这么发展起来的，老鼠是地球上一个非常成功的物种。

有一次，我跟雷军先生聊天，我发现他在玩很多烂牌子的手机。我说："你怎么还关心这些手机？你们小米多强大啊！"雷军一边看着这些手机，一边跟我说："第一代确实挺烂，但是我不知道它迭代之后，出现的是什么。其实最可怕的，不是它现在是好是坏，而是它迭代的能力到底是怎样的。"这就是这个时代一个企业家该说出来的话，他关心的是新物种，而不是现状。

凯文·凯利最近讲了一段话，他说："20年前，我不可能想象今天发生的一切。20年后，你也不可能想象未来的情景。我们更应该相信那些看起来不可能的事。未来20年，最伟大的产品还没有创造出来。"那些新物种仍然在地平线的远方，还没有到来，这就是这一代创业者的机会，也是现在所有在世的公司的真正威胁。这个世界哪儿还是什么商业竞争的世界，它是一个物种竞争的新世界。

02 | 如何打造你的联盟

樊　登

别再把公司当成家

很多人喜欢把公司比喻成一个家，这个比喻是错误的，当你把一个公司比喻成一个家的时候，你和你的团队的关系一定会变得很糟糕，为什么？因为你家里，你的孩子再不好，你也不会把孩子开了，不会跟你的孩子说："宝贝儿，你挺棒的，但是你不太适合咱们家，要不然你去别的家看看？"这不可能。所以，无论你的孩子出现了什么样的问题，你都会包容他。

而事实上，公司不应该是家，当你把公司比喻成一个家的时候，员工和老板的压力都会变得很大。应该把公司比喻成什么呢？应该比喻成一支球队。当乔丹去芝加哥公牛队应聘的时候，他绝对不会说："我要签一个终身合同，你们能不能别开了我。”

所以，我们的公司应该是洛杉矶湖人队或者尤文图斯队。当你的公司是一个球队的时候，你会发现，正在打球的五个人，虽然有的是打完这场就要退役的，有的是刚刚签过来的新秀，但是都不妨碍他们一块儿玩命，因为大家是一个联盟。

职场中两个常见的谎言

《联盟》这本书能够帮我们解决在管理公司过程中最大的一个烦恼，就是怎样让员工真心实意地好好工作。这是一件特别难做到的事。

怎么来解决这个问题呢？我们首先要面对职场中两个常见的谎言。第一个谎言是老板跟员工说的：“你放心，我是不会亏待你的。”第二个谎言是员工跟老板说的：“老板你放心，我一定会好好干的，我生是你的人，死是你的死人。”

当公司出现转型、公司的业务出现滑坡、老板手中的现金流变紧以后，老板第一时间选择的就是裁人。只要一裁人，成本马上就下降了，船小好掉头。而员工一旦遇到一个机会，或者找到了创业的可能，他第一时间选择的就是离职。所以，很多公司跟自己的前员工之间，都有一些别扭的感觉。

如果你有创业经验或者离职经验的话，你一定会找到那种别扭的感觉：很多人都不愿见自己的前员工，或者会跟别人说那个人是坏人，大家都不要理他。

有一次我在北大上课，一个培训班的老师中午专门跑来找我，一脸严肃地说："樊老师，我要跟你吃个饭。"

我说："怎么了，这么严肃？"

他说："你知道我们那个×××吗？"那是他们单位一个小姑娘的名字。

我点头后，他说："这姑娘挺能干的，但是她现在创业了，在隔壁学院开了一个班，而且教的内容跟我们差不多。"

我说："你找我是什么意思呢？"

他说："我就想跟您谈一下，能不能别给她讲课？"

他专门来请我吃饭，原来就是给我做工作，希望我不要给他的前员工上课。

很多企业和前员工之间都是这种特别尴尬的关系。很多人都说，培养人才是最不划算的一件事，因为一旦这个人才离职去创业，就会成为自己最大的竞争对手。所以，这成为中国企业发展的一个怪局，大部分中国企业都不愿意培养人才，而愿意去挖人，因为培养人才需要花很大的精力，培养出来之后这个人就会离开你，甚至跟你干同样的业务。这就是中国企业普遍做不大的原因。

比如，那个拜托我不要给他的前员工讲课的老师，他就想守着他那个摊，再做大他就不行了。后来，我劝了他很久，要他为更大的市场考虑，慢慢去学习"联盟"这个概念。

招聘时最应该问的两个问题

怎么样解决这种尴尬的局面呢？首先从招聘开始。在招聘的时候，当一个年轻人跑来跟你说："我想到你们公司来工作。"你也觉得这孩子不错，打算要他的时候，你要问他这样一个问题："你到咱们公司打算干几年？"

他可能有点愣，会说："我……我打算干一辈子。"凡是打算干一辈子的，你怎么回答他？

"我们这里不招要干一辈子的人。"想干一辈子的人是想在这里干吗？养老。所以，我们不能够招要干一辈子的人。

你要告诉他："人生很漫长，咱们互相之间也不是很了解，你刚到我们公司来应聘，所以对我们公司的情况也不太清楚，我希望你对你的人生能够有一个规划。如果你有一个规划，你觉得最起码能在咱们公司干几年？"让他想想看。

如果他是一个有想法的人，他也许会回答："四年吧。我觉得无论怎么样，无论发生什么事，我最起码能够干四年。"

第二个问题更重要，你要接着问他："四年以后，当你离开咱们公司的时候，你希望自己成为一个什么样的人？"

一个员工在一家公司工作了三四年，他最大的收获是什么？肯定不会是工资和奖金。发的那点工资和奖金早就花光了，所以那点钱对他来讲只能养家糊口，绝对不是他最大的收获。他最大的收获一定是他自己的成长，他成为一个不一样的人，他拥有了更多的社会资源，他拥有了更多的经验，他拥有了更多的技能，他的价值观得到了提升。

但是，为什么我们的员工跟我们谈起任何事总是说："这件事有没有钱？有没有加班费或者补贴？"我们过来人都知道，那点钱对一个人来讲并不重要，但是我们的员工却总是盯着那么点儿钱，原因是什么？很简单，因为没有人告诉他，他还应该有一个更大的目标。

我有个师弟是麦肯锡的合伙人，他告诉我，麦肯锡的人力资源部门在招聘的时候，一定要问应聘者这样一个问题："当你离开麦肯锡的时候，你下个目标是哪家公司？"凡是有目标、有理想的人，才会珍惜眼下的工作，好好地工作。

"四年以后，当你离开这个公司的时候，你希望自己成为一个什么样的人？"这个问题就能够把员工点燃。

你的价值取决于什么？

什么叫作"把员工点燃"？我在樊登读书会讲过一本书，叫《干法》。这是一本特别经典的书，日本的稻盛和夫先生写的。稻盛和夫先生是日本唯一一位在世的"经营之圣"，他创办了京瓷、日航、第二电电，全都是世界500强公司。老先生七十多岁的时候患了胃癌，还出来重整日航，在此做成了世界

500强，是特别厉害的一个人。

在《干法》这本书里，稻盛和夫把员工分成三类，第一类叫自燃型，就是自己划个火柴就能把自己烧着了。自燃型的人，不用任何人管他，他自己就会玩命干。

第二类叫点燃型，你给他做做工作、谈谈心，然后划根火柴烧他一下，就能把他烧着。

第三类叫阻燃型，你拿火焰喷射器喷他，喷完他还是原样，就像陶瓷做的一样。我们生活中就有很多阻燃型的员工。

我有一个朋友，在杂志社当编辑，经常跟我抱怨："你知道吗？我现在练成了一招。"

我说："什么招？"

他说："我编辑任何文章，只用三个组合键，就是Ctrl+V、Ctrl+A、Ctrl+X，多一个我都不用。"

我问他："你干吗这么挑战自己？""我要对得起单位给我的那份钱。因为老板给钱太少，所以我只用Ctrl+V、Ctrl+A、Ctrl+X这三个组合键，就把这份工作对付了。"

我问他："你这样做编出来的文章好吗？"

他说当然不好了，只能算凑合。

我说："那你的水平这几年是进步还是下降了？"

"下降得厉害，我现在出去找工作都找不着。"

"那你何苦呢？你让自己的水平不断地下降，然后整天Ctrl+V、Ctrl+A、Ctrl+X跟老板这么对付，为什么要让自己的身价不断地贬值呢？"

你们知道他说什么？他说：“我有什么办法？谁让他只给我那么点钱？”

大家明白这个死循环了吗？因为老板只给这么点钱，所以他只能凑合；他这么凑合，所以老板讨厌他，就给他更少的钱，于是他就倒霉了。

我们生活中有没有这样的例子？说句实话，到处都是。还有很多人把这叫作“职业”，说：“我这个人是很职业的，给多少钱办多少事。”这叫职业吗？这是职业杀手的职业：你想要谁的腿，给我8000元；想要谁的命，给我2万元。而我们作为一个打工者，老板只给我们8000元，我们能不能干2万元钱的活？老板给我们2万元，我们能不能干10万元的活？

你的价值不是取决于老板给你多少钱，而是取决于你创造了多少价值、你的能力有没有得到提升。这是很重要的一个道理。但是，为什么我们生活中有那么多人，就像我这个朋友一样，本身是很优秀的人，当年高考成绩也很好，上了很好的学校，现在会是这样的心态呢？

说到底，中国的教育提供的就是一个不合格的产品。全世界的教育流派，不管是蒙台梭利还是萨提亚，核心都是一件事：塑造一个人独立完整的自尊体系。一个人的自尊是来自内在的，尊严感不是来自于别人怎么看自己，不来自跟别人怎么比较，不来自别人怎么对待我，而是自己该做什么就做什么。

孔子就是这样的人，用他的话说就是“行所当行”，就是你对我好，我对你好；你对我不好，我照样对你好，因为对你好是我的需求。

当一个人有了独立完整的自尊体系的时候，他才会去做自己应该做的事，而不是因为别人怎么对他，所以他故意要做那些跟别人对着干的事。而我们的教育从幼儿园开始，就破坏了孩子独立完整的自尊体系，我们的办法就是排名，跟别人比：你看他们家怎么样，他的成绩多好；他考了211或者985大学，你只考了个二本。总要找一个对比的对象，所以我们独立完整的自尊体系基本上丧失殆尽。

很多人高中毕业的时候都会去烧书，把所有课本、习题、试卷付之一炬，因为他们痛恨学习这件事，他们从学习里面根本找不到本应该有的乐趣。这就是为什么我们的很多员工，整天在拿老板怎么对自己，来决定自己该怎么做。

你希望自己成为一个什么样的人?

“四年以后，当你离开这个公司的时候，你希望自己成为一个什么样的人？”这个问题我问过樊登读书会所有员工，我相信罗振宇也都问过，因为他是我们的会员，《联盟》这本书对他的管理有很大的影响。

这个孩子想了想，也许会说：“四年以后，当我离开的时候，我希望我能够成为一个店长，您觉得行吗？”“很好。那么在这四年时间里，我会努力地培养你，尽量让你成为一个店长。在这个过程当中，我可能会锻炼你，可能会安排你出差，安排你参加培训，有时候还要加班，这不是一件容易的事。”

很多公司在招聘的时候，最常犯的一个错误就是把自己的公司描述得特别好：咱们公司的工作其实没有那么累，还有五险一金；咱们公司中午午饭都报销或者免费的自助餐特别好；咱们公司男女比例合适，你来了还容易找到对象。当你用这种方法吸引员工加入的时候，请问你找来的是一群什么人？他们是冲着北京户口、冲着免费午餐、冲着能找着对象、冲着压力没那么大来的，他们就是来玩的，是来休闲的。

马云讲过一个观点，我特别认可。他说公司在招聘的时候，一定要对员工坏一点，要告诉他在这个公司工作不容易，事情特别难做，有时候还会遇到屈辱，别人会误解你，而且咱们公司加班是常事。但是，我们要一块儿改变世界，你愿意加入吗？这时候，你招来的人，是那群想跟你一块儿改变世界的人，而不是冲着免费午餐来的人。

所以，当这个员工说他想要成为店长的时候，我们不要那么轻松地许诺他：“没问题，我一定让你当店长。”应该让他知道：“这是一个很困难的过程。这个过程当中，我会锻炼你，会给你机会，会让你出差，会让你加班，会让你参加培训，但是我会尽我所能帮助你达成一个店长所需要掌握的知识。”这是我对你的承诺。

“那么，你要为我做什么？你现在进了这个店，你要帮我把这个店的业绩做起来，你要让这个店的客户服务满意度提高。”

双方达成共识之后，可以签一纸协议。这份协议上记载了员工对公司的承诺以及公司对员工的承诺。请注意，这份协议没有法律效力。

为什么要签一份没有法律效力的协议呢？这个员工刚开始铆足了劲去干，后来有没有可能突然又松劲了呢？不可避免。因为很多年轻人就是这样的，一旦热情劲过了，会慢慢地有点滑坡，有点松劲，这是很正常的一件事。

这时候，你如果把这份协议拿出来跟他说：“你看，你当年是跟我怎么承诺的，你对得起我吗？”当你用这份协议威胁他的时候，你又把他从主动型人格变成了被动型人格。所以，这份协议仅仅是起到一个作用，那就是备忘，咱俩都记住，咱们互相之间是有承诺的，那么就好好干吧。

当你在这四年时间里，让这个员工加班、出差、去做一些他觉得压力很大的事，他还会觉得是你在整他吗？他会不会抱怨？他知道老板这是在锻炼他，在帮助他实现成为一个店长的目标。

如果员工松懈了，可以过来提醒一下：“还记得咱们的目标吗？咱们的目标是要做店长哦，加油！”这就够了，然后让这个员工不断地努力，去把这份工作干好。

这就是联盟的第一步，我们首先得在招聘的时候把好关，要让员工知道，他来这儿的四年是有目标的。

在这里，我不得不提到另外一本书，《商业的本质》。这本书里有很多有用的东西，其中有一点我印象特别深，杰克·韦尔奇说："你一定要对员工要求得足够严格。"因为这是对员工负责，员工一天的24小时，有十几个小时是在吃饭、睡觉，所以他一天能够用来投资的时间只有八九个小时。员工把这八九个小时投资在了你身上，他不是来这儿领工资的，而是来这儿投资的，他每天把人生的八九个小时投资给这家公司，所以你要为投资人负责。你要为这个员工负责，要让这个员工得到他应得的回报。

这个观点是不是跟《联盟》这本书连起来了？你要让他知道，这四年时间里，你每天投资八九个小时在咱们公司，就要有所回报，你的目标要搞清楚。所以，当员工找到一个目标，说我的目标是要成为一个店长的时候，他才不会觉得那些加班是浪费时间。

乔丹和他的老板有没有目标？乔丹说："我的目标是成为史上最伟大的球员。"老板说："很好，那这样，你给我得两个总冠军，我培养你成为史上最伟大的球员。"然后，乔丹就玩命地打球，这个老板就开开心心地捧他，最后大家达成了一个双赢的结局。

这是联盟的第一步。

第一种情况：员工想要留下怎么办

领导力的课程里面有一个非常基础的知识：什么叫管理者？很多人做了很多年管理者，都不知道什么叫管理者。

管理者的定义就是，通过别人来完成工作的人。很多人不知道这个定义，所以遇到任何事都说："这个放着我来！"男性管理者尤其喜欢这样，因为男人最需要得到的就是被需要的感觉，特别喜欢听别人说"我特别需要你"。

所以，当一个男人有这种意愿替别人做事的想法的时候，他就会特别累，整天替人干这个干那个，还得把别人训一顿。最后我们会发现，凡是替员工做了很多事的老板，通常跟员工的关系都不太好，因为员工觉得不被信任、不被欣赏，所以不仅不会感谢老板，还会觉得他挡住了自己前进的道路。

所以，只要你是个管理者，你身上永远都有一个最重要的责任，就是培养他人成长。在这四年时间里，你的任务就是培养这个员工成长，努力帮他实现想要达到的那个目标，做店长。

到了三年半的时候，你要再跟他谈一次话。你把他找来问："你看时间过得这么快，转眼就三年半了，怎么样？找着下家了吗？"

这个员工说："没有，还没找到下家。咱们公司挺好的，我还想接着干，不想走了。”

这时候，你要吓唬他一下，说：“世界那么大，你不想去看看吗？”

他说：“我不去，真不去。”

这时候问他什么呢？问他：“这次你打算干几年？这次的目标是什么？”

这就叫任期制，一个任期接着一个任期地谈下去。

第二种情况：员工要跳槽怎么办

另外一种不太顺利的状况是，这个员工跟你说：“老板，我找着下家了，就在对面那座楼上，那个公司以前是咱们的甲方。”人家要跟着甲方跑了，怎么办？

这时候，你就大气一点，不要扣人家的社保、保险之类。跟他说：“很遗憾，你真的要走了，不过这也说明咱们这四年的培养是有效的，最起码给你店长的待遇了吧？很好，祝贺你！我会亲笔给你写一封推荐信，我要把你所有的优点都写出来，要让他们知道咱们的人有多么优秀。去了好好干，别给咱们丢人，有任何问题，随时可以回咱们公司聊天。咱们公司就是你的大本营，咱们永远都是朋友。可是还剩半年多的时间，我想拜托你一件事，帮我培养一个接班人。”

用半年的时间培养一个接班人，我觉得时间很充裕。让他培养一个接班人，他会不会帮你培养呢？一定会。这时候，还有一件非常重要的事，你要跟他说："除了推荐信之外，我还要通知你一下，你可以加入咱们公司的前员工俱乐部了，享受前员工的福利。"

什么叫前员工福利？比如，我们公司的前员工可以给我们公司介绍新人加入，只要介绍一个人加入，就会得到一笔猎头费；因为前员工对公司的业务非常了解，所以他可以假扮神秘访客，来提升公司的效率；前员工还可以享受员工内购价格；如果公司有大的Party，前员工可以来参加；假如公司谈下来一个学校，可以让员工的孩子们上幼儿园、小学，前员工也可以享受这个福利。这些都是边际成本很低的事，你让前员工加入进来，让前员工感到他并没有离开这个公司，这个前员工联盟就会具有凝聚力。

在这方面做得最好的公司应该是宝洁，宝洁的前员工俱乐部叫作"宝洁商学院"。我有很多师弟、师妹都在宝洁工作，我也参加过他们的活动。你知道宝洁的人见了面互相怎么说话吗？他们会互相问："你是哪一级的？"他们把宝洁当作了一个学校。

宝洁的待遇不算特别好，所以宝洁的离职率很高，但是宝洁的培养很好，所以宝洁的人出来以后都干了很好的工作。我认识那么多从宝洁离职的人，几乎没有听过一个人跟我抱怨宝洁，没有一个人告诉我宝洁是一个烂公司。所有人还会跟我说："你还要买宝洁的产品，洗发水就是好。"类似这样的话，还在给我做营销。

宝洁的前员工联盟有25万人，就是说有25万人都被他们管理了起来。而LinkedIn的前员工群有15万个，涵盖了美国98%的世界500强企业。想想看，LinkedIn想要在哪个公司找一个熟人，是多容易的一件事，因为他们全部都在网上待着。

中国也有很多做得不错的企业，比如阿里巴巴。马云有一句名言："一天的阿里人，就是终身的阿里人。"我很欣赏这句话。我有一个同学是跟着马云创业成功的，他在阿里巴巴的工号是70多号。公司一上市，他就变成了亿万富翁。

他们公司有一个特别大的大厅，据说能够容纳上万人，马云每年都会在这里做一个前员工聚会。能够被邀请回来到阿里巴巴总部进行前员工聚会的人，都会觉得特别光荣，因为马云会亲自对他们演讲，然后大家分享、吃饭、聊天。他们自称"阿里系"，他们愿意投资彼此的公司，因为他们知道大家的价值观是一致的，做事都很拼，这就变成了一个特别大的资源池。

有一次，我在一个论坛上讲了这件事，结果底下一个腾讯的人就不高兴了，他说腾讯也有这个东西。其实华为也有，他们都愿意管理自己的前员工联盟。当你能够这样对待你的前员工的时候，请问：对现任员工有没有影响？对现任员工会是好的影响，还是坏的影响？

你们站在员工的角度思考一下，看到老板这样对待一个离开的人，那么你会认为老板是一个什么样的人？肯定会认为老板的格局足够大，老板是真对我们好。所以，老板之前说的话是可信的，咱们现在好好干就行了，将来有一天，也可以跟老板成为朋友，也可以成为前员工联盟中的一位。

但是，不是所有人都能够进入前员工联盟的。如果你让老板完全失望，根本没有达成之前设定的那个目标，根本不在意你对老板的承诺，那么，你就没有推荐信。在国外的公司，没有推荐信是一件非常严重的事，而且这一点在中国也会变得越来越严重，为什么？随着中国的创业者越来越多，我相信中国的企业管理会不断地升级。

为什么中国企业的招聘总是乱糟糟的？因为没有人太在意招聘这件事。而当我做了好几个公司以后，我才发现招聘是最重要的一步。

在国外，你拿了推荐信和简历到一家公司，人力资源部不光会给你那个写推荐信的人打电话确认真假，甚至会给你原来的公司打电话，随机找别人问你在那儿的表现到底怎么样，一定会做背景调查。

前不久去日本，一个日本人跟我说，他不能理解为什么在中国会有人骗人。他们觉得在日本骗人是非常严重的事，一旦你在公司里骗了老板，你在公司里应付做事，让老板开掉了，是特别严重的事，你这辈子就完了，因为每个公司雇人的时候，都会去前一个老板那儿打听。中国迟早会形成这样的商业氛围，慢慢地，人们就会重视他在雇主那里获得的口碑。

所以，你要告诉他："不是所有人都能够进入前员工联盟的，表现得好才能够进入这个联盟。”这样，现任员工也会拼命地好好干活。

同样的道理，请问这个离开的员工会不会恨你？会不会说你的坏话？当你邀请他加入前员工联盟，还给了他这么多福利以后，他是不是会走到哪儿都说，这家公司是一个不错的公司？

对公司的口碑影响最大的人不是客户，客户说你的公司不好，别人还有可能不信。如果这个公司的员工说这个公司很乱，很坑人，别人一听就会信。怎样能让离职的员工依然说你的好话？这是一件非常重要的事，这就是你的口碑管理。

这个离职的员工有没有可能给你继续带来生意？因为他对你的业务非常熟悉，他出去以后认识的人更多了，所以很有可能成为你最好的兼职业务员。

每个员工都应有创始人心态

我每次讲完领导力以后，就会有很多学生来问我：“樊老师，你看这个案例，这个孩子怎么不努力？你看这个，我给他提的要求，他怎么就做不到呢？”他们总是对员工提出特别多的要求，希望员工能够做到。我发现其中有一个根本性的问题：你有没有考虑过这些事对这个员工的好处？你有没有考虑过这个员工在你们公司的发展？你是否只想让他老老实实地当工具？

大部分企业都希望员工不要走，都希望员工老老实实地待在一个地方不动，这样人力资源成本就会下降，公司就是稳定的。但是，你只能留住庸才。

硅谷产生了那么多那么棒的公司，但是硅谷的人员流动性非常高，一个人干上两三年就会跑掉。但是，在《联盟》这本书里，里德·霍夫曼说："硅谷的秘诀到底是什么？就是每一个员工都有创始人心态。"

不管你要不要创业，都得有创始人心态。你得觉得我做这件事，是在做一项伟大的创造，不是为了养家糊口，坐在这里混日子。所以，打造前员工联盟，对于现任员工和已经离职的员工来讲，都是非常重要的一件事。而且，可以大幅地提高在职员工的士气，因为大家知道老板是玩真的，老板不是来假的。

有一个很有趣的案例，我在某大型国企上课时，我讲完这个观点，底下第一排坐着的老板突然"啪啪啪"地拍起了大腿。我说："你怎么反应这么强烈？有什么问题吗？"他说："哎呀，你这课我听晚了。之前有个员工就没管好，弄得现在很糟糕。"我说："是什么人，搞得你这么焦虑？"

这个人叫任正非。任正非从这家公司走的时候，公司就是各种卡他，反正总之弄得特别不愉快。任正非到现在都不提这个碴儿，从不说自己跟这家公司有关系，就闹得这么别扭。

他说："我们当年那么有钱，如果给他投200万，占华为

10%的股份，现在还用盖楼吗？都可以当首富了，可是没做。”

他刚说完，旁边的副总就说：“还有一个呢，你忘了？”第二个人就是碧桂园的老板杨国强。这家国企到最后都没有与前员工形成一个良好的联盟的关系，反过来变得水火不容。他们后来总结了一下原因，就是因为公司没有前员工联盟，而且打了很多前员工官司。

有一家公司在这方面做得特别棒，航空航天部有一家公司叫771所。这是一家微电子公司，是一家特别有名的三线公司，是一家军品、民品都做的公司。

这个公司为什么做得特别好？公司当年有一个员工，50多岁了，要离职创业。他们的老板没有让他离职，说：“这样吧，我们投资给你，你去创业。你要是做成了的话，就算是咱们公司的一点股份。”这个员工同意了，因为那时候都没钱。他从公司拿了钱跑到深圳去创业，做了一家公司。这个中年人叫侯为贵，这家公司叫中兴。

所以，771所现在每年都会有分红，只要中兴一发分红，771所所有员工都发奖金，日子过得特别爽。你看，当年的一笔投资只要成功了，你的前员工联盟只要打造起来了，就行了。

第三种情况：员工要创业怎么办

第三种情况是，这个员工说：“老板，我没有找到新的工作，我也不想找工作了。我现在决定了，我要创业。”

员工要创业了，怎么办？这时候，你要问他，需不需要帮助。当然，前提是你认为这个员工是不错的，你可以问他需不需要帮助，能不能投资，让你入一股，你会帮助把它做得更好。

这就是个创业平台的搭建。为什么LinkedIn的老板里德·霍夫曼会写这本书呢？我们必须提到另外一个很牛的人，这个人叫彼得·蒂尔。彼得·蒂尔创立了一家公司叫PayPal，就是美国的支付宝。他在1999年就搞出了PayPal。

彼得·蒂尔被称作“硅谷的创业教父”，他的公司并不是硅谷最大的公司，PayPal后来被Ebay收购了。但他为什么能够被称作“硅谷的创业教父”呢？因为他确实太牛了，他们公司的一个员工要出来创业，他说：“行，没问题，我给你投资。”这个员工就去创业了，创立了一家公司，就是LinkedIn。

他们公司又有个人说要创业，彼得·蒂尔又给他投资，干了一个公司叫Facebook。他投了Facebook50万美元，后来的回报是70亿美元。

后来，他们公司又有个人出来说：“老板，我要创业。”没问题，继续投资，这个人就是Youtube的创始人陈士俊，是我们华人。那个送人上火星的Space X公司，也是他们公司的人出来创业搞出来的。

还有一个更牛的公司叫特斯拉，他也是股东。包括美国的大众点评网YELP，也是彼得·蒂尔的投资项目。他从来不会阻止任何一个员工去创业，他会入一股，然后扶人上路。

你会发现，当一个老板的格局是希望员工成功的时候，员工才会不断地冒出来。

我知道很多人也都想投资，想做点一级市场，想做点股权投资什么的。我投资过很多公司，我的投资基本上没有亏过，大部分投资都赚了上百倍。你们知道投资给什么样的人最靠谱吗？

很多人说，投资给熟人最靠谱。你二舅创业，你会投资给他吗？你表哥创业，你会投资给他吗？肯定不投资，不是所有熟人都能够投资的。

投资给什么人最靠谱？投资给你的同事最靠谱，因为你知道他们是怎么干活的，你知道他们工作的状态，你知道他们的思维模式，你跟他们开过会，你相信他能够把这事做好。所以，孵化自己的员工去创业，这是最靠谱的方法。这和徐小平老师做的那种撒种子一样的天使投资是完全不一样的，他们要求的是成功率。

彼得·蒂尔的投资原则就是，他绝对不会乱撒种子，他投任何一家公司，一定会把自己的所有资源配置上去，让它成功。想要了解这部分内容，可以看《从0到1》这本书，它跟《联盟》都是奇点系列里的书，是2015年最火的一本商业书籍，能够让你充分了解彼得·蒂尔的心智模式，了解他是怎么看待这个世界的。

总之，四年期满的时候，这个员工无非就是四种情况：接着干、离职、创业，或者他表现得特别糟糕，被你开掉。如果他表现得特别糟糕，被你开掉，不再续约了，那就没有前员工联盟的奖励了。我们就打造出一个这样的联盟来，这就是《联盟》这本书的最核心的精髓所在。

所有员工都要如此对待吗?

有人会问："所有的人都要这样对待吗？我手下有那么多人，我一天到晚得忙死。"不是所有的人都要这样对待的。

《联盟》这本书把员工分成了三类，第一类员工是创始人、合伙人、股东，这些人不用管，因为他们拿着钱进来的，所以好好干就OK了。

第二类是初级员工，比如麦当劳里收款的、后厨炸鸡翅的，只需要给他们足够的培训和考核就好，因为他们所做的工作是简单化的，这种人不要紧。

"联盟"这种方法要管理的最主要对象是谁？就是核心的中坚力量，公司里的中层人员。当你把这些中层力量管理好的时候，你会发现你的公司在不断地孵化、不断地变大。

我要推荐一个我和罗振宇共同的朋友，宗毅。他自己摸索出了一套裂变式创业的方法，在公司内部孵化出了十几个非常优秀的公司。

这就是我们所说的"联盟"的概念。所以，我们要学习腾讯、阿里巴巴和华为这样的公司，下功夫去打造联盟这个体系。

在考虑公司的发展的时候，不要忘记了员工的发展，一定要让员工知道他的目标和你的目标并不矛盾，目标是一致的。你要得总冠军，他要成为最伟大的球员。他在你的公司里工作，最大的收获不是来自工资、奖金，因为你给他发再多的工资，他在北京也买不起房子。他想要在北京买得起房子，必须得创业成功一次。所以，他在这里最大的收获、成长，来自他成为一个靠谱的人，一个可以去创业的人，甚至你可以成为他的天使投资人。

《联盟》这本书对我和我周围的人的影响都非常大，我常跟我的员工们讲："如果你们想挣快钱的话，你可能还不如出去开Uber（优步）。你玩命开，一个月挣两三万元都是有的，咱们公司只能给到八千、一万元。要不要去开Uber是你自己的选择，但是在这儿如果4年干下来，我希望你能成为我们的创始人之一，你愿不愿意跟我们一起用读书的方法来改变这个世界？"

这时候，我发现员工们愿意做这件事的激情是发自内心的。他们加班不需要我要求，他们觉得必须加班把这件事干完，他们会乐于享受这件事。

中国社会目前最缺的东西，就是每个人能享受自己的工作，我们每个人都是苦哈哈地工作，目的就是为了攒够去旅行的钱。这是特别要命的思维方式，这种思维方式会让我们永远痛苦下去。一个人一定要学会沉浸在自己的工作中，快乐地去享受它，当然，这需要联盟的帮助，得让你知道公司的目标和个人的目标是可以达成一致的。

第五章

这个世界会好吗？

经济发展最坚实的底座和基础是一个个具体的人，是个人在长期协作中积累的经验和知识，以及构建起来的协作关系。

01 | 重新理解人类社会

《物演通论》

向大家推荐一套书——王东岳先生写的《物演通论》和《知鱼之乐》。《物演通论》算是纯粹的哲学著作，比较难懂；《知鱼之乐》好多了，是本哲理散文集。所以，建议大家先读《知鱼之乐》，觉得有意思再来啃《物演通论》。要不然，就会像有的读者讲的：“《物演通论》里面每一个字我都认识，可是它们一旦结成了句子、段落和篇章之后，我怎么就不知道它是什么意思了呢？”

确实如此，读哲学就是有门槛的。我在读这套书的时候，都不能叫读，其实叫啃，一个字一个字地啃，啃了两年之久。而且，还辅之以去听王东岳先生的课，我还把他的课录了音，反复去听，大概听了十几遍之久。直到今天，我也只敢说是得其大略。下面，给大家做一个导读。但是，我有言在先，我导读当中如果偏离了王东岳先生的原意，责任在我，因为它是一个非常宏大的哲学体系。

说实话，我做《罗辑思维》这个节目三年以来，这期节目是我在准备过程中感觉到最困难的一次。有两个原因。

第一个原因是，王东岳先生的知识存量实在是太大了。他的知识是已经遍及人类知识存量的所有领域，从哲学到历史、文化，再到自然科学，包括最新锐的自然科学领域，他都有所涉猎。更重要的是，他观察世界万物的站位，是站在138亿年的宇宙演化史的尺度去看问题的，这跟我们《罗辑思维》的站位是天差地别的。

大概一年前，我跟王东岳先生以及王东岳先生的弟子李善友教授一起在聊他的哲学体系。我当时就说："我能不能发一个愿，我要把王东岳老师的这套体系做一个通俗版本的转述。"李善友老师说："这太难了，你行吗？"我说试试看。这一试，我就准备了一年之久。

还有一个原因，王东岳先生这一整套思想体系，如果我只简单地告诉你他的结论的话，实在太颠覆了。颠覆到什么程度？就像是胡说八道。

更何况，王东岳先生这些结论，现在还只是一个哲学思维，仅仅是在一个非常小的圈层中流传，没有经过漫长时间的检验。我今天把它贸然说出来，如果引发铺天盖地的谩骂，如果大家觉得匪夷所思，也是可以预料的。我个人的是非荣辱倒是无所谓，但是如果耽误大家和如此精彩的思想体系相接触，让大家和它擦肩而过，那我的罪过是很大的。

结论我们一会儿来推导，先干一件事——建立知识共识。因为任何严肃的思想都建立在一些知识的共识上，否则任何思想都是抬杠。

共识一：打破知识领域的界限

我们要建立的第一个知识共识就是：200年来，人类各个知识领域的进展有一个潜在的线索，那就是要打破知识领域的界限。

汉语中的“科学”二字最开始的含义是什么？就是分科之学。鸦片战争前后，我们中国人突然看到西方人的那堆学问，觉得每个领域都是分着的。要知道，中国人的圣贤之学都是一整套理论，很少有分科的概念，知识分子、士大夫都在努力当一个通才。

但是，西方现代科学是分科治学，物理、化学、生物、社会人文科学，研究的对象是完全不一样的。但是200年来，人类的知识领域有一个潜在的线索，就是把这个分科治学的壁垒和界限逐渐打掉、模糊掉。

简单归纳一下这条线索。首先，最难打掉的界限就是人类社会和自然之间的界限，因为自打我们人类摆脱蒙昧之后，就觉得我们是一个很奇葩的存在。我们和畜生、植物、自然现象完全是两回事，人类文明的发展就是要战天斗地，我们和自然是对立的，人类社会现象不是自然现象。

这一脉思路是什么时候打破的呢？要追溯到19世纪初，有一个学者叫孔德。他是我们中国人熟知的“空想社会主义者”圣西门的秘书。他写了很多书，但是逻辑十分混乱。

甭管孔德的学问多有混乱，但他提出来一脉思路：社会现象跟个人其实不是一回事，不要觉得人和人之间的互动就是社会；社会其实是一个自然存在，它跟每一个人没有太大的关系；社会作为一个总体的现象，是要用一门学科去研究的。所以，现在社会学家都承认他是社会学的鼻祖。

孔德的贡献是什么？就是把社会当作一个自然现象来研究。这和生物学的社会其实是一样的，都是自然现象。所以，后来，又出现了一门生物社会学，人类仍然是自然现象，这是第一次界限打破。然后就是达尔文，他把所有物种之间的界限全部打破了，说所有物种都是从生物的鼻祖一脉演化而来的。

生物和化学、物理之间的界限，是什么时候打破的呢？这一脉思路要等到20世纪，就是所谓的分子生物学。大家突然发现，生物现象不过是分子的一种编码而已，是一种可以遗传的分子编码。而分子生物学最著名的一个实验，就是1953年美国化学家米勒搞的“米勒实验”。

这个实验就是要追问一个问题：大自然中琳琅满目的生物物种，动物、植物、微生物的起源到底是什么？我们都知道，所有的生物最后都要还原到细胞，而细胞是由有机物构建出来的。那么问题来了，有机物是怎么来的呢？地球刚刚形成的时候只有无机物，难道是由无机物化合而来的吗？虽然我们可以这样推想，但是没有证据，米勒实验就是要找到这个证据。

这个实验说来也很简单，他弄了一个大玻璃瓶子。按照地球刚刚形成时的大气结构，在里面进行了结构还原，装上了甲烷、氢气、氨气、水蒸气等。然后仿照地球刚刚形成时大气的物理状态，制造出雷鸣电闪——就是在这个瓶子里面通电，电击这一堆气体。不久之后，就出现了一种橘黄色的烟雾。再一分析，果然这里面出现了有机物。所以，米勒实验就打破了化学和生物之间的界限。

还有一个界限，就是化学和物理之间的界限。牛顿晚年的时候痴迷于炼金术，现在我们回头一看，完全是伪科学，一种元素怎么可能变成其他元素，怎么可能变成黄金？我们中学的时候都学过化学元素周期表，氢、氦、锂、铍、硼等92种自然元素之间的界限是铁定的，我们不可能让这个元素变成其他元素，这是经典化学的看法。

但是，20世纪出现了物理化学。科学家们发现原来元素的底层也是通的，一种元素和其他元素的区别，无非是原子和围绕在旁边的电子云的分布不一样而已。只要回到最微观的粒子世界，每一个元素之间的关系也是通的。所以，从理论上讲，如果牛顿活到今天，炼金术就不是不可能的。物理化学最后把这个界限也打破了。

20世纪最重要的一个科学发现，就是宇宙大爆炸假说。如果这个假说成立的话，我们会发现，无论是138亿年的宇宙演化史，还是46亿年的地球形成史、38亿年的生物演化史、1万年的人类文明演化史，实际上是一脉相承的一个总系统，当中并没有我们分科治学的时候认为的那种牢不可破的边界。

如果你接受了这些前提，有一个问题就出现了。当年的达尔文是在观察生物这个阶段的现象时提出了进化论，更精确地讲叫"演化论"，因为已经没有什么进步、退步之说了。但是，如果把138亿年的宇宙演化史全部打穿来看，达尔文提出来的演化论是不是也适用于生物之前和生物之后呢？换句话讲，粒子、分子的演化过程和人类社会的演化过程，是不是也适用于生物学式的演化论思想呢？

《物演通论》里面有一句招牌式的口号——"人性是物性的绽放，人道是天道的赓续"。

《物演通论》这本书的第一个基础就是：138亿年的宇宙演化史、38亿年的生物演化史和1万年的人类文明演化史是一脉相通的。这是我们要建立的第一个共识平台。

共识二：人类的任何思想结果都是必然的

第二个共识平台说来也很简单，就是人类的任何思想结果不是哪个天才拍脑门想出来的，而是观察这个世界的不同尺度带来的必然结果。

此话怎讲？打个比方说，我现在是一个刚刚摆脱蒙昧的部落的人，我到村子边上一看天地万物，得出来的结论一定就是盖天说：天是圆的，像一个大锅盖盖在地上，地就是平的，就是所谓的“天圆地方”。

但是，如果我们把这个尺度拉大，站在太阳系的尺度再来看天地的关系，结论就不同了。比如，古希腊著名哲学家亚里士多德在观察月食的时候就发现，是太阳把地球的影子打在了月亮上。于是，他观察到地球是圆的，而不是平的。可见，尺度一大，结论立即发生变化。

到了哥白尼的时候，他发现地球不是宇宙的中心，太阳才是，这也是尺度拉大之后得出的结论。但是，很快哥白尼的系统也崩溃了，因为站在银河系这个尺度上，太阳也不是中心。所以，任何思想变化，本质上是人类信息尺度的变化带来的必然结果。

共识三：人的生存境况是越来越惨的

第三个共识说来就有点悲催：几百年来，现代知识的演化过程，其实就是人类的地位不断低落的过程。人逐渐从一个高高的位置上摔到地下，摔了一个狗啃泥。想想看，原来人类是什么地位？上帝是老大，我们就是老二，我们是被上帝选出来管理这个地球的，我们是万物之灵长。

为什么哥白尼特别伟大？他突然一下把这个位置颠倒了，说不对，人住的那叫地球，那不是世界的中心，世界的中心是太阳。当年，为什么又是烧死人，又是宗教裁判所，就是因为这个观念太颠覆了，人作为万物灵长，怎么能住在世界的一个边缘位置呢？当时，人受到的思想冲击可想而知。但是，紧接着出来了一个达尔文，达尔文出来的时候，大家也骂："你们家才是猴子变的，我们家不是，我们家是上帝造的。"人是猴子的徒子徒孙，这件事情也是人类地位的继续下降。

到20世纪的时候，又出来一个家伙，叫弗洛伊德。他揭示的一个东西到现在也是大家的共识：原来人类那种引以为豪的理性力量非常脆弱，真正决定人的行为方式的，是理性下面那个叫潜意识的东西，理性其实一钱不值。你看，人类的地位是不是继续下降了？

其实，在人类20世纪的哲学和物理学中，弥漫着一种绝望的氛围。对什么绝望？对人的理性认知能力的绝望。

有人打过一个比方，说整个宇宙就是一块表，而这块表的表壳是永远无法打开的，不管人类怎样调动自己的理性、推动科学的发展，我们也只是围绕这个表在转圈，对于表壳里面的东西，我们只能是猜。我们认知世界的规律其实是这个世界愿意让我们看到的东西。一块表，它总得显示一些读数吧，几点几分，但是这个几点几分的内在运作机制是什么，我们永远无法知道，人类理性永远无法把握终极真理。

20世纪，哲学家搞出了一个叫“语言学转向”的东西。其核心的结论就是一条：人类理性和思想最终的认知边界，就是我们自己的语言；语言之外，事实上人类一无所知。

不管你接不接受这个结论，几百年来科学发展的一个总趋势从来没有变过，那就是人在大自然中的地位是不断下降的。这是我试图达成的第三个认知平台。

给大家简单归纳一下，我想达成三个共识，这些共识都是科学家的认识：第一，138亿年的宇宙演化史，是万物一系、万物同治的，我们必须站在这个尺度上重新认识世界；第二，只要认识世界的尺度一变，我们对这个世界得出来的结论往往是颠覆性的；第三，颠覆性的表现就是人在大自然中的地位是一路跌落的，人的生存境况是越来越惨的。

人类会像恐龙一样灭绝吗?

我们现在又不是上帝的宠儿，又不是宇宙的中心，我们还是猴子变的，我们的理性还如此脆弱，我们还能惨成什么样？这就是《物演通论》试图给出来的全新答案。

我们先来看一个事实。达尔文当年搞出来的进化论的原理，八个字——“物竞天择，适者生存”。生物的演化史上一个最重要的动力，就是获取适应度。从生物的个体来看，谁最适应环境，谁就能活下来，就能把基因传承下来。如果你不能适应环境，对不起，残酷的进化剪刀会把你干掉。

如果这成立的话，按说越后来演化出来的物种就应该越适应环境才对，但是如果你放眼到38亿年的生物演化史上，会发现不是这样。比如，最早的单细胞生物其实就是细菌。细菌一直到今天还活得好好的，而且存在度、适应度都非常高。在火山口那么高的温度中找得到细菌，在深海和冰层里面找得到细菌，在一些核爆炸的实验场里面找得到细菌，辐射度那么高，它仍然活得好好的。所以，它的适应度和存在度是最高的。

但是，后演的物种，比如爬行动物恐龙，恐龙活了1.6亿年，最后灭亡了，越后演好像越不适应。再往后看，哺乳动物到今天是7000万～9000万年，在人类诞生之前，99%的哺乳动物都绝种了。

人类是最后演化出来的一个生物物种，我们现在知道的历史大概是300万年。300万年前的人类物种，尼安德特人、东亚直立人全部都灭绝了。我们这一支实际上叫智人，是20万年前在非洲走出来的一支。

如果站在38亿年的尺度上，我们什么时候会灭绝其实不好说。按照这个规律来看，没准儿灭绝得会非常非常快。不过轮不到我们这一代人，我们只是说从这个大尺度上看，好像结论和达尔文不一样，达尔文说的是越后演的物种越适应。

请问，怎么解释这个矛盾呢？

王东岳先生在《物演通伦》中的核心结论就是四个字：递弱

代偿。什么意思呢？它有两个意思：一个叫递弱，一个叫代偿。

什么是递弱?

我们先说什么叫递弱。

从138亿年的宇宙演化史来看，所有的物系都是越来越弱的。你可能会觉得，演化到现在，我们人类的能力明明是最强的，怎么能说是最弱的呢？这个弱指的不是能力，而是存在度。存在度主要看两个指标：第一个指标是在宇宙中的总质量，第二是稳定度。

首先来看总质量。我们原来以为，宇宙就是我们看到的所有恒星系加上行星，但是现在科学家认为不是的，宇宙中占95%的都是粒子状态的所谓暗物质、暗能量，我们是看不见的。我们能看见的那部分，也是粒子一路演化而来的。

我们都知道，最早的元素是氢。氢的结构最简单，是一个原子核的质子加上一个电子，因此它也是最早出现的一个物系。氢在宇宙中是什么位置？如果从原子的总数量来看，氢就是其他所有元素总和的100倍；如果从质量上来看，氢大概占整个宇宙元素的75%。

我们再具体到太阳来看，太阳主要是由两个元素构成的：一个就是氢，占78%；还有一个是氦，占20%。剩下所有元素加起来还不到2%。而氢和氦之间是什么关系？氦是由氢核聚变而来的，所以氦的结构就复杂一些，有两个电子。这里其实有一个规律已经出现了：越后出现的元素，结构就越复杂，但是它的总质量在飞速地递减。现在，地球上自然存在的元素是92种，第一号是氢，第92号就是制造核弹的铀，铀的存在度非常非常之低。

原子如此，分子更是如此。由分子编码而成的单细胞生物，在整个太阳系里面只有地壳上薄薄的一层，所以它占宇宙的总质量正在迅速地下跌。由单细胞生物构成的多细胞生物，质量跟前面的就更没法比了。

人呢？现在人口大爆发，地球上的总人口已经有70亿。如果作为一个单独的物系来比，生物中可能只有蚂蚁的总数量比人多；如果把所有生物的总质量加起来，人这一点质量，其实是非常微小的。

那么，总规律就出现了：越后演的物系，总质量就越低。但是，这不是最重要的，最重要的是它的稳定度越来越差。比如，暗物质、暗能量占整个宇宙的95%，到现在它依然如此，从来没有发生过变化。第92号元素铀为什么能够用来制造核弹？就是因为它的稳定度极差，在不断地进行衰变。如果把一定临界质量的铀放在一起，它马上就会爆炸，这就是核弹的原理。

现在，人类还人工合成了108号、109号后面的元素。但是，这些元素在大自然中是不存在的，只能在实验室里做出来，而且一次性只能得到几个原子。这些原子出现之后，几毫秒之后就衰变掉了，所以稳定度非常差。

物理学上有一个概念，叫高能物理，高能物理研究的对象就是微观粒子结构。为什么叫高能物理？是因为我们要把这个粒子结构打开的话，输入几十亿个电子伏特才能够做到，所以需要的能量极高。物理学上还有所谓的中能物理、低能物理。这个低能是指研究相对宏观一点的结构，比如原子核结构，只需要几百万个电子伏特，甚至是几十个电子伏特，就可以把它打开。

分子结构的稳定度会进一步下降，比如我们吃的食盐，就是氯化钠。往水里一放，它自动就电离了。由分子编码而成的生物，稳定度就到了方生方死的程度。刚一出现，就必须靠从外界输入能量才能够维持其存在，而且存在的时间也极短。

所有生物都会经历新陈代谢，需要从外界输入能量。高级一点的生物，就必须大量地摄入食物，所以我们的稳定度越来越差。这是138亿年宇宙所有物系，从粒子、原子、分子、单细胞生物、多细胞生物，一直到像人类这样的高等生物的一个总趋势。王东岳先生把这个总趋势称之为“递弱”。

什么是代偿?

这一点理解起来也不困难。也就是说，人类是存在度最弱的一个物种。要说发现这个结论也不难，只要我们有相关的知识，把它拼接在一起，这就是一个明摆着的现象。但是，问题在于，如何解释这个递弱的过程，它演化的机理到底是什么？那就是“代偿”问题。

从表面上来看，“代偿”就是代为偿还，就是父债子还。在生物学上，代偿其实是一个专有名词。当生物的某个器官的功能衰竭或者损坏之后，想修复这个器官本身不太可能，但是有一个神奇的效应，其他器官在功能上会补足这个损坏的器官，这就叫代偿。

比如，我们都知道人有两个肾，如果割掉了一个肾，还剩一个肾，照样可以活。只不过，剩下的这个肾会长得大一点，会调动它的一些储备功能，来补足那个被割掉的肾。这就是一个典型的代偿现象。

比如，如果一个人在高原地带生活了很长时间，他的心脏为了供更多的氧、更多的血，就会变得肥大，这也是一个代偿现象。

再比如，一些盲人的视觉丧失了，但是他们的听力会变得比原来更加敏锐。这就是用听觉来代偿视觉的缺损，也是一个典型的代偿现象。

但是，代偿和复原完全是两回事。复原是回到原来的状态，比如你割掉一部分肝脏，它能迅速地长回来，这叫复原。而代偿虽然能够补足原来的一些功能，但是毕竟不能还原到原来的存在度。我们割掉一个肾，身体必然会受到损害；心脏要是在高原地区变得肥大，时间一长，机能的缺损就会越来越严重。所以，代偿是一个不得已的措施。

代偿效应并不能补足原来器官的机能缺损，这是一个典型的医学概念。王东岳先生从医学中借用了这个概念，用于解释138亿年宇宙万物一系演化的过程，构建了一个精巧的理论体系。我们实在没有办法复述如此复杂的一个体系，只能用转述的方式，从最简单的层面给大家做一个介绍。

万物的递弱代偿，我们可以从四个结论来加以观察。

结论一：对外的依存条件越来越多

第一个结论，万物的存在度在递减，于是对外界条件的依存度就越来越高。举一个例子，万物演化的起点是什么？根据宇宙大爆炸学说，是应该叫起点还是叫基点现在也在打官司，我们暂且说它是起点吧。

起点是什么状态？它不依赖于任何外在条件，它本身甚至没有任何形状，里面没有空间、没有时间，说不清楚它是一种能量还是一种质量。所以，面对起点这个存在，我们无话可说。这有点像佛教里面“空”的概念，没有任何形状可以描述它。

但是，一旦宇宙大爆炸开始，变成了各种各样的粒子。我们会发现它的形状越来越多样，它存在的条件变得越来越复杂。比如，刚演化出来的氢原子，需要的条件非常简单，捕捉到一个电子，就可以构成一个氢原子。但是，随着92种自然元素演化出来，需要的存在条件就越来越多了。到了分子阶段，就更多了。到了生物阶段，更多。前面讲过，生物都会新陈代谢，只有从外面输入能量才能够存在，所以它的存在条件越来越多。

举一个我们生活中经常见到的例子，一个全职妈妈，丈夫跑了，这个时候，她的存在度肯定很差。她要如何维持自己的存在呢？当然就需要一些条件，因为她并不能马上改善自己的存在度。比如，她必须去上班，必须有一家公司来录用她，给她发工资。但是，她去上班后，孩子怎么办呢？必须要送去托儿所。所以，一家雇用她的公司和一家肯收她的孩子的托儿所，成为她的两个依存条件。这两个依存条件，是不是跟剩下那个肾脏代偿割掉的肾脏的机能的道理很像？她不得不依靠一些外在的依存条件，反过来代偿性地补足她的存在度的下降。

再举一个大家都能理解的例子。比如，中国很多城里人看不起乡下人，觉得城里人有本事、有文化、有素质、有知识，站在大街上随时可以认出几十种汽车的牌子，可是乡下人呢？不讲卫生又没知识，到城里来生活，连燃气灶怎么用都不知道，连地铁都不会坐。把他们扔到办公室里，他们根本就不知道怎么和同事打交道，所以，城里人看不起乡下人。

可是，大家有没有反过来想一下，城里人之所以这么有本事，往往是因为存在度剧烈下降了，不得不拥有这些本事。换句话说，城里人不得不依靠更多的依存条件，才能在城市里生活下去。比如，你作为一个城里人，必须得有水、电、煤气这些基础设施吧？必须得有网络吧？没网的话，我估计很多城里人根本就没法生活。

再从钱上来讲，乡下人靠种地获得食物，对货币的依存度远没有城里人高。在北京这样的城市，一个中产阶级家庭月收入两万块钱看起来很高，可是我们算算账，两万块钱一点儿都不多，因为它的依存条件实在是太多了。就算是上班，拿着一份很高的薪水，也要依存很多人，快递小哥、送外卖的、其他同事的协作等，否则那份薪水怎么挣得出来呢？所以，条件越来越多，显得本事越来越大，可是本质是什么？是存在度越来越差。

如果这个例子还不足以说服你，我们再举一个例子。很多城里的父母白天送孩子到学校，晚上孩子去上各种各样的课外补习班，周末他们还要学钢琴、小提琴等各种各样的才艺。我曾经问过一些家长："你们能不能不这么折磨孩子？学那些东西干什么？"这些家长冲我直翻白眼，说："你罗胖小时候当然可以不学，因为你的同学都没什么才艺。那时候，大家都穷，只要会考试就是好样的，不用学什么钢琴。可是现在的孩子，如果家长有能力让他学而不让他学，就是对他不负责任。你到好一点的中学或者大学去打听打听，哪个孩子没有一种才艺？哪个孩子不去上奥数班？"虽然谁都知道没用，但是为了维持孩子在这个新环境里的存在度，家长就不得不逼着孩子去获取更多的生存条件、学习更多的才艺。表面上是孩子的能力越来越强，而底牌是什么？是孩子的存在度越来越差。

所以，我们很多时候应该倒过来理解这个世界：条件越来越多，是我们的处境越来越差的一种结果。这就是我们从“递弱代偿”原理推出来的第一个结论：万物一系演化，越演化到后来，对外在条件的依存度就越高。

结论二：对环境的感受力越来越强

如果你接受了这个结论，第二个结论也能马上推得出来：万物一系演化，越到后来对外界环境的感受度就必须越来越高。

这话怎么讲？我们再来看这个过程。在起点状态，物种根本没有性状，对外在条件根本就不需要感受。但是，宇宙大爆炸发生之后，在粒子阶段，就开始出现强弱作用力，微观粒子之间要有一些力的作用、要能互相感知到对方。再变成原子和分子这种比较宏观的结构时，就开始出现电磁感应了。到了分子编码而成的单细胞生物的时候，细胞膜上就开始布满了受体。我们不要小看细菌，细菌对外在环境的感受力其实是非常强的，它的细胞膜上的受体已经能够感知宇宙中绝大部分的元素。

再往后，到了多细胞生物、高等生物，再到我们人类，依次出现了感性、知性和人的理性。进入文明时代之后，我们人类对外在世界的感受度就必须进一步提高。

比如，在二三百年前，如果一个人没受过教育，是个文盲，依然可以活得非常好。可是，如果你生活在今天的大城市里，是个文盲，还能不能生存？连到超市买东西可能都买不好。

一个典型的现代人，必须受越来越多的教育，一生中大概要拿三分之一的时间来接受教育。如果你还想受到更好的教育，获得更好的社会存在度，也就是竞争力，那你可能到35岁的时候还在读博士后，小半辈子都已经过去了。所以，从最开始的粒子一直到今天的人类，万物演化的过程是不是感受度不断提高的过程？

这算是能力提高吗？还真不是。比如，你到大学里去问一个本科生为什么要考研。他会告诉你："我没办法，我找不到工作，所以必须去考研。"过去，我们理解这个现象，总是觉得人的能力越来越强，所以适应度越来越高。恰恰相反，这个因果关系倒过来才成立，是我们的社会适应度越来越差，所以必须把自己的信息感应度进一步提高。

结论三：自由度会越来越高

第二个推论出来以后，第三个推论马上也就出来了，就是万物一系演化到后来，就必须具有越高的自由度。比如，最开始的粒子结构，确实不需要什么自由，它在那儿待着就行。一旦演化成分子结构，比如我们在中学物理课上学过的“布朗运动”，分子必须在自己的环境中做小范围的不规则运动，这就是分子时代的自由。而分子一旦编码成为单细胞生物，它的自由度必须进一步提高，因为它要在环境中捕捉养分和能量。

而生物的演化史，不就是自由度不断提高的过程吗？我们看那些高等动物，它们必须具备极其精巧而强悍的觅食能力。这个规律在人类社会的演化史中同样存在着。

在中国的农耕时代，在欧洲的中世纪，什么时候听说有人要自由、要平等、要博爱？不需要。那个时代，人作为一个物种，存在度是极高的，不需要那么高的自由度。

但是，在现代社会，没有自由行吗？没有搜索引擎，你可能都活不下去。为什么计划经济能折腾那么些年，而越到经济发达的时代，计划经济就必然崩溃？我们《罗辑思维》一谈到经济、谈到商业，都会主张自由市场经济。这不是说它天然就对，而是经济要发展、财富要增值，没有企业和个人的自由度是不可能发生的。

再说，我们现在的互联网经济，我们经常讲的跨界打劫、跨界发展、整合资源，不就是自由度吗？如果我们再回到计划经济的时代，怎么应对互联网时代的经济发展呢？

自由度会越来越高，这是一个总趋势。

结论四：结构度越来越复杂

第四个结论就是结构度越来越复杂。从最开始的粒子到原子、到分子、到单细胞生物，一直到今天的人类社会，结构确实是越来越复杂，这是一个明摆着的现象。

什么是结构？王东岳先生在他的书里面提出一个定义，所谓的结构就是原来一个浑然自足的母体进行了分化或者残化之后，再进行媾和的结果。这个定义可能听起来比较费解，给大家举一个例子。最原始的单细胞生物就是一个浑然自足的母体，一旦它变成多细胞生物，它还是那个单细胞吗？不是了，它必须进行功能分化。而所谓的功能分化，换一个不好听的名词就是“功能残化”。它必须丢掉一部分功能，然后发展出一个独特的功能。

比如，人类在子宫里面的时候，不就是一个受精卵细胞吗？它是一个浑然自足的母体。但是，随着胎儿的发育，有的细胞变成了肝脏细胞，有的变成了皮肤细胞，有的变成了骨骼细胞，有的变成了神经细胞，每一个细胞承担的功能都不一样，原来那个浑然自足的状态也就丧失掉了。一个婴儿生下来，你把它身上任何一个细胞取出来，它都无法单独存活。

所以，所谓的分化其实就是残化。只不过，这是故事的前半段，还有后半段。一旦残化之后，母体分解成几个部分，就会出现一个强烈的动机，再一次媾和在一起，形成一个结构。

过去，我们总是从静态的角度来看待结构，王东岳先生的高明之处，就是从动态的角度重新解释了什么叫结构——它是残化之后再媾和的结果。

给大家举一个例子。距今五六亿年前，有一个地质年代叫寒武纪。寒武纪的物种大爆发，大量的生物物种开始演化出来。与此同时，还发生了一件事，出现了两性繁殖。在寒武纪之前，所有生物都是孤雌繁殖，或者叫单性繁殖。这个时候，分化或者残化出一个分支，叫雄性。雄性出现了之后，就不得了了，世界舞台上就出现一场永远不谢幕的话剧，就是雄性追逐雌性。这是一个强烈的动机，它要再媾和。

有一个寓言讲得好，说什么是男女？就是上帝把整个人一剖两半，然后分别放在世界上的两个地方，从此这两半都要努力找到对方。这就是结构。文学作品有两大主题，一个是死，一个就是爱。什么是死？死就是维求存在度，这是我们每一个人心中最焦虑的问题。但是，爱有的时候比死还要焦虑，为什么？这就是分化、残化、再媾和的需求，这也是维求存在度。

现在，很多人天天都在刷手机，手机有那么好吗？他其实是在维求自己的存在度，是在进行一个结构化。他为什么刷手机？有可能是在泡妞，有可能是在找如意郎君，有可能是在订中午的盒饭，有可能是在了解今天外界发生的大事，也有可能是在公司的群里办公。这就是结构分化之后，强烈的动机逼着人再媾和的过程。所以，我们再看别人刷手机的时候，要知道他是不得已，而不是养成了什么恶习。

现在，很多家长不让孩子玩手机、玩iPad，我们可以等着，孩子一旦社会化之后，社会复杂的结构必然会把他拖到手机和iPad那里去。那个时候，家长可就管不了了。这是138亿年的总趋势决定的，不是家长陪孩子几年能够更改的习惯，这叫结构。

我再把前面的四个结论给大家做一个回顾。首先是万物一系演化，越到后来，我们对外在条件的依存就越来越多，这是一个总纲。于是，出现了后面的三个结果：第一，对外在环境的感应度越来越高；第二，我们的自由度越来越强；第三，我们的结构度越来越复杂。

我们经常说三个词，政治、经济、文化，这是影响我们生存的最重要的三个领域。换句话说，我们为什么那么关注它们？因为有焦虑，所以这三个词也可以叫作政治焦虑、文化焦虑和经济焦虑。

这不就一一对应了我们前面讲的三个结果吗？

为什么感应度要越来越高？因为要接受大量的信息，这就是文化焦虑。为什么我们的自由度要越来越高？因为我们要捕捉那些外在的物质条件来供我们生存，这就是经济焦虑。为什么所谓的结构度会越来越复杂呢？因为人和人、人和社会的协作关系，本质上就是政治焦虑。所以，它们是一一对应的关系。虽然我们人类发明了“政治”“经济”“文化”这么高大上的词，实际上138亿年所有演化而来的物系，都有这三个焦虑和三个需求，以维持它的存在。

人是万物演化最悲惨命运的承担者?

这就是《物演通论》的一个理论框架。我再给大家捋一下，王东岳先生到底讲了什么——就是宇宙的演化有一个万物存在度不断下跌的趋势。但是，在下跌的时候，总想要一个办法来维持自己的存在，怎么办？用一种代偿的方式，就是用越来越复杂的结构、越来越复杂的感应力、越来越高的自由度，来代偿性地补足自己下降的存在度。虽然在补足，但是我们前面在讲“代偿”这个概念的时候，已经把底牌透出来了：虽然能够回补，但是并不能完全补足。所以，万物的演化，实际上是一个逐渐衰亡的过程。

你可能会觉得前面讲得有点道理，但是结论一出来，却未必能接受得了。

第一个结论，人类是138亿年宇宙演化的最后一个阶段，或者是目前看到的最后一个阶段，已经濒临衰亡。人是万物演化最悲惨命运的承担者。

第二个结论，人类搞出来各种各样的花样，文化、政治、经济，还有科技，实际上是走错路了。如果以人类存在为总目标的话，我们近现代化以来搞出来的科技发明，我们现在在推动的经济发展，其实都是南辕北辙，我们越往前走，就越会沦入一个系统性的危机。

这不就是胡说八道吗？尤其是我原来还讲过，等到奇点来临，到2046年的时候人类就吃喝不愁了，将迎来一个财富大爆发的时代。这是一个乐观主义的判断，和现在这个极度悲观主义的判断，这是不是矛盾呢？

这就牵扯到我们对一个理论体系的态度，人类历史上从来不存在什么终极真理，而且越是看起来比此前的道理更对的理论体系，往往存在的时间越短，更容易被颠覆、被证伪。

给大家举一个例子，鬼、神这套体系，维护人类存在至少有一万年。牛顿搞出来的科学体系，看起来比此前的什么神、鬼要正确吧？但是，又怎样？300年就被颠覆掉了。然后，就是爱因斯坦和现代物理学搞出来的新体系。你放心，不超过300年，这套思维方式也一定会被颠覆掉。

递弱代偿是终极真理吗？

如果你明白了这个演化的过程，我们再来看王东岳先生的理论。它是终极真理吗？即使王东岳先生将来的历史定位和牛顿、爱因斯坦一样牛，他这套体系也一定会被证伪、被颠覆，而且时间会短得多。所以，王东岳先生屡次讲过，这套东西肯定不是真理。

它没有价值吗？恰恰相反，它的价值巨大，因为我们判断一个理论体系是不是有价值，关键是看三点。

第一，自洽。就是按照现在人类的思维水平，有没有发现它内部的逻辑矛盾。如果没有，就叫自洽。

第二，他洽。它能不能解释现在人类知识总量中发现的那些事实。

第三，续洽。这个理论体系成立之后出现的新知识、新事实，能不能放到这个理论体系中加以解释。

如果自洽、他洽、续洽这三者都成立，这个理论体系当下就成立；如果将来把它颠覆和证伪，那也是因为人类观察世界的尺度发生了重大变化。而新的尺度没有出现之前，我们只好接受它，这就是一个理论体系的价值。

02 理性乐观派

什么是递弱代偿?

王东岳先生提出来的这套哲学理论，核心就是四个字：递弱代偿。就是说，随着宇宙万物的演化，所有的物系都会越来越弱。但是，有一种方法叫替代性的补偿，可以用其他权宜之计来维持它们的存在度。

比如，我们中国人搞出了一个物种叫金鱼。金鱼的眼泡那么大，尾巴那么散，好看是好看，但是把金鱼扔回大自然，它根本没法生存。跟它的老祖宗野生鲫鱼相比，它的存在度是非常差的。但是，它能跟人协作，只要人们继续喜欢它的样子，愿意来养活它，这个物种就能存活下来。虽然这个物种的存在度下降是铁定的事实，但是它仍然可以靠外在的依存条件维持自己的生存。这就是《物演通论》总的意思。

下面，我用一段相对严谨的话再把《物演通论》简单做一个描述。所谓的“递弱代偿”就是指在138亿年来的宇宙中，万物从最早的粒子到后来的原子、分子、单细胞、多细胞一直到人类社会，是一系演化的，它的总规律就是递弱代偿。也就是说，138亿年来，所有的物质都像从悬崖上高空跳水一样往下跌落，生存度越来越差，稳定度越来越差，越来越趋近于衰亡。

但是，万物都要求存在，所以在下跌的过程中，东边捞一把树枝，右边抄一把泥土，千方百计地维持着自己的存在。但是，它维持的方法不是它的存在度就地提升，而是用一些权宜之计，就是用“代偿”的方法。

最主要的代偿方法就是对外的依存条件会越来越多，我们会发展自己的知性、感性和理性，以提升自己对外界环境的感应度。比如，我们会提升自己的自由度，从微生物长出边毛、长出肌肉，到我们人类可以坐火箭上太空，都是我们的自由度越来越高的表现。还有一点，就是结构度越来越复杂。我们构建了人和人之间的协作，构建了越来越复杂的社会和政治关系。

不过，所有的代偿性效应，并不能最终补足我们存在度的下降。所以，万物一系演化，最终是趋向于衰亡的。按照王东岳先生的话来说，人类差不多就是这个衰亡过程的最后一站。

在我看来，人类历史上所有的理论体系本质上都是猜想，都是一个解释性的体系。只要它对万事万物的解释性比此前的理论体系在尺度上稍微大一点，我们就可以暂时接受这套理论体系。

《物演通论》这套体系是从哪儿演化而来的？就是从达尔文的生物演化学说发展而来的，只不过，达尔文看问题的尺度相对来说比较小。他是从生物个体的角度来看待这个演化的过程，所以，他得出了八个字的结论——“物竞天择，适者生存”。也就是说，自然选择作为一把进化的剪刀，推动着物种的发展。

达尔文这套学说一百多年来经过了大量的验证，现在证明在这个尺度上他是正确的。请注意，是在这个尺度上。一旦我们把视野放大到整个生物演化史，进一步放大到138亿年的宇宙演化史上看，至少有两个问题进化论解释不了。

第一，达尔文讲的是生物通过自然选择的无方向变异来获得生存度。可是，为什么现在生物的演化仍然是有方向的，一定是趋向于越来越复杂的呢？以前，我们在介绍进化论的时候曾经提出过一个学说，叫“醉汉回家”。就是一个家伙喝醉了，他要回家，路的左边是一堵墙，右边是一条沟，他如果向左边摇摆，会被墙挡住，右边没有墙，所以他的下场一定是掉到了沟里。这就是生物演化，它是有方向的，一定是向越来越复杂的方向演化。但是，问题在于，这只是个比方，这堵墙到底是什么？为什么无方向的变异最后导致物种向越来越复杂的方向演化呢？这个问题进化论解释不了。

第二个问题更解释不了。达尔文说：“一个生物个体一定是因为它变异出来一种特质，这个特质是更加适应这个环境的，所以它被进化剪刀留了下来。不适应的个体通通被灭杀了，这就是生物演化的过程。”这个说法推导出来的结论应该是，生物越进化，应该越适应环境。但是，生物演化史告诉我们的结论恰恰相反：生物越演化，反而越不适应。

人类文明就符合这个过程，我们的农耕文明有1万年，工业文明有300年，现在信息文明不到100年。相信这个演化过程会越来越短，所以稳定度越来越差，适应性越来越差。请问这怎么解释？

递弱代偿原理就是解释达尔文留下来的这两个未解之谜的。

递弱代偿原理的两点颠覆性

这套理论的颠覆性主要是两点。第一点，生物会逐渐衰亡。过去，我们都认为生物是越来越进步、发展越来越好的。第二点，关于因果的解释也被颠倒了。过去，我们认为，是人类发展了强大的能力、破坏了环境，导致现在又是气温升高又是各种污染的。我们的生存度越来越差，是这么解释的。

但是，王东岳先生的理论把这个因果给颠倒过来了：因为万物一系演化的存在度越来越差，不得不发展出各种各样的能力，来挂住这个生存线，所以它是一个代偿性的补充。换句话说，随着科技的发展，万物具有各种各样的属性、能力，是一种不得已的行为。

比如，两性之间的关系，最早的单细胞生物没有两性问题，它们是自己分裂繁殖的。而且，繁殖的效能非常高，有的单细胞的微生物每20分钟就分裂一次，长大一倍。也就是说，过了72小时之后，就能演化到像地球那么大了。所以，对于单细胞生物来说，繁殖从来不是一个问题。

后来，出现了多细胞生物，比如鱼类，这时候已经出现了两性繁殖，约束性条件越来越多。但是，对鱼来讲还好，因为它们是体外繁殖，母鱼把鱼子一撒，公鱼在上面把精子一撒，就像摊煎饼一样，繁殖过程就结束了，然后就能生出好多小鱼。

但是，到了哺乳动物的时候，可想而知难度进一步提高了，因为小动物先要在妈妈的子宫里存活一段时间，出生之后也离不开父母，需要学习一些捕食技能才能够存活。而有一些濒临绝种的哺乳动物，对做爱根本没兴趣，大熊猫就是这样，互相之间兴致缺缺。

人类也是这样，人类的婚姻其实比动物要复杂得多。动物基本上看对了眼马上就可以开始繁殖进程，但是随着人类文明的进展，条件越来却越多。按说互联网时代，有世纪佳缘等各种各样的婚恋网站，又有搜索引擎，还有陌陌、微信，找到对象应该更简单才对。但是恰恰相反，现在打光棍的和嫁不掉的“剩女”反而越来越多了。所以，很多老人就纳闷了：“现在工具这么发达，自己家儿子怎么还找不着媳妇呢？”

这就是万物一系演化而来的总规律：依存条件越来越多了。我们看几百年前的人类，就拿中国来说，男耕女织，男的在外面挣钱，女的在家里持家，会洗衣服、会做饭就可以了，所以找到那个匹配度合适的相对来说还是比较简单的。

可是现在呢？整个人类对外界的依存条件越来越多，我们并不依存于家里的婆娘给我们做饭，因为可以订外卖，所以整个社会的协作体系越来越复杂。因此，我们再回家看到老婆，眼光就不大一样了，互相之间提的条件越来越多。颜值得高吧？得顺我的心意吧？还得有时间陪我吧？条件越来越多，导致现在两性关系越来越复杂。

很多人以为，有了互联网之后，人类的资源将会高效地匹配起来。表面上看是这样，但是因果关系颠倒了。不是因为有了互联网这个工具，所以匹配度才越来越高，而是因为匹配度越来越低，所以条件依存度越来越高，不得不发明了互联网这样的技术工具。

这两个理论放在我们一般人面前，总觉得太匪夷所思了，不能理解。尤其是，它居然说万物一系演化是走向衰亡的。要知道，我们人类可是一种靠希望活着的动物。

我还记得上大学的时候，第一次接触到所谓的热力学第二定律，就是熵增定律。就是说，整个宇宙是往那个确定性越来越少的地方去演化的，最后宇宙的结局是什么？热寂——每一个点的热量和质量分布都一模一样，生命现象当然再也不可能有了。人这种物种最后肯定是要灭亡的，整个宇宙将会是一片荒凉。

了解这个定律以后，我的心情好几天都不好：我在这个世界上活着、挣钱、养儿育女，还有什么意义呢？人是需要一个意义支撑的。

每当人类观察这个世界的尺度变大一点的时候，总会出现新的颠覆性的理论，总方向就是人在大自然中的地位一路下跌。

每当遇到这样的新理论，我们在情感上总是难以接受的。要不然，当年的布鲁诺也不至于因为坚持日心说而被烧死，达尔文后半辈子也不至于过得那么郁闷，有那么多人骂他。

王东岳先生提出来的这套理论，我们没有把握说全世界都会接受，但是至少它符合这个总方向——人在大自然中的地位会继续下跌。人不是猴子变得那么简单了，而是万物一系演化最终阶段最悲惨的宿命承担者。

如果仅仅因为它带来了一个坏消息，我们就在情感上排斥它，这不是一个聪明的态度，因为总有一些人的人生目标除了吃得香、穿得暖之外，还想在临死之前对世界的看法尽可能清澈一些。虽然我也深知宇宙是一个打不开的表壳，不可能得到最终的真理，但是能进一步是一步。

我们对世界到底应该抱什么态度?

我们对世界到底应该抱着悲观还是乐观的态度呢?

我以前讲过一个观点：眼下虽然有很多很多的问题，但是解决方法一定不是退回到原来，而是要接着往前走，推动技术发展，推动经济发展，为未来获得的新手段来解决眼下的问题。这跟《物演通论》中递弱代偿的原理说不正好相反了吗?这需要一个解释。

理性乐观派（我常提出的观点）的所有观点，就是人类通过分工协作，获得更多的技术、更多的经济繁荣，这个事实在《物演通论》这套体系里面是完全可以包容的。只不过，一旦我们跳到一个更高的维度，再来看这个发展过程，可能就会得出一个悲观的判断，所以悲观和乐观其实是两个维度的不同导致的。怎么理解这个维度?给大家举两个例子。

第一个例子是恐龙。恐龙在地球上活了1.6亿年，如果我们在这期间去观察恐龙，会做出悲观的判断还是乐观的判断?当然是乐观的判断，恐龙的发展是不可阻挡的，最后会成为地球霸主。但是，最后恐龙突然灭绝了，大概在几百万年的时间里突然就完蛋了，为什么?现在有很多猜想，什么小行星撞地球、食物中毒等，可能是一个复合性的原因。

因为恐龙的能力太强，对外的依存度太高，所以环境发生任何一点变化，就像我们中国人经常说的“屋漏偏逢连阴雨”“福无双至，祸不单行”，最后可能是一个复合的原因，导致这个脆弱的系统一下子崩溃了。而跟恐龙同时代的蟑螂，看起来很弱小，但是存在度高得很，到今天还活得好好的。所以，到底应该乐观还是悲观，是两个维度的判断。

再给大家举一个例子，一个吸毒的瘾君子，对他来讲今天的好消息是什么？就是找到钱，买到今天的毒品。可是，如果换一个维度呢？跳高一层，站在他的生命历程来看，今天搞到了毒品，是好消息还是坏消息呢？所以，悲观和乐观在从两个维度来看并不矛盾。

我们接着回到主题，我们对人类的未来到底应该持有一种理性乐观派的判断，还是像王东岳先生一样，持有一种悲观的判断？看起来这是两个南辕北辙的结论，但是我们一旦意识到它是两个不同维度的理论的时候，就会发现二者其实并不矛盾，甚至它们得出各自结论的总原因都一样。

什么叫理性乐观派？它是一种典型的经济学的判断。它的鼻祖亚当·斯密讲得好，因为人类的分工和协作，所以经济会持续发展。只要人类不断让分工越来越细密，协作越来越丰富，我们的经济一定会越来越繁荣，科技会越来越发达，我们当前面对的很多问题靠将来发现的手段一定可以解决。

同样的事实，王东岳先生也看到了，也接受了，只不过解释不一样。他称其为“代偿性的解决”，是不得已。因为存在度的下降，所以人类必须去发展更新的科技、更繁荣的经济来解决当下的问题。但是，这种代偿性的解决并不能回补存在度，而且因为不断地分化、残化再媾和形成的结构，稳定性是持续下降的，虽然从表面上看我们的能力提高了。

给大家举一个例子，20世纪，人类经济史上最重要的一个事件，也许就是福特汽车发明了流水线。工人分工协作，于是生产汽车的效能大幅度地提高了。但是，有一个系统性的危机也潜藏其中：资本家越来越怕工人罢工，因为任何一个环节的工人掉了链子，整个系统就会崩溃。

如果我们把这个原理再往极致去推论，假设这个分工协作系统越来越细密，理论上讲一定会达到那样的状态，就是全世界70亿人，甚至更多的人，每个人是一个分工。换句话讲，每一个人的存在是以其他所有人正常工作为前提的。任何一个人掉链子，总体就会崩溃。你可能觉得这个推论好像是对的，但是很难设想这种情境。那好，我们就来看两个我们能够理解的情境。

第一个情境，随着分工系统越来越发达，我们用什么方式来分工？一定会是模块化，对一个个系统进行封装，然后留出接口跟其他模块进行对接。比如，一个杯子是怎么造出来的，我们都不知道，因为那是玻璃工人的事。那个系统是封装起来的，我们对它毫不了解。

李笑来先生给我举过一个例子，如果倒转到一万年前，人类还在茹毛饮血的时候，有人怕血吗？没有。大家逮着小动物以后撕开就吃，怕血就甭活了。但是，当文明演进到孔子他老人家那个时候，他讲了一句话：“君子远庖厨。”因为有社会分工了，有人专门干厨房里的活儿，所以孔子这种君子就不去厨房看那个血淋淋的场面了。

可是，到了现代社会，居然有20%的人有晕血症，见血就晕。想想看，这在一万年前可能吗？如果你晕血，你就甭活。这说明整个社会的协作系统不断地封装起来之后，我们每个人对世界的真相其实都无法理解，我们看到的世界都是失真的。就像今天很多人说保护小动物，搁一万年以前，你还会保护小动物吗？

所以，我们观察世界的角度是失真的。德国社会学家贝克提出来一个理论，叫“风险社会”。什么叫风险社会？就是因为整个社会的协作度越来越复杂，以至于发生的很多危机冤无头、债无主，是“系统性的不负责任”。这是社会学里面的一个词。就是说，今天大气污染了，核能泛滥了，发生了各种各样的灾难，赖谁呢？谁也赖不着。100年前的工人如果过得不好，他知道是资本家在欺负他。今天如果一个人在社会竞争中失败，他该怪谁呢？也许周边的人对他都很友善，是整个社会的协作系统把他挤到了边缘，所以真是“冤无头，债无主”。

所以，今天社会上发生的很多危机性事件，像劫机等各种各样的恐怖活动，掌握全世界资讯最发达的美国政府，都搞不清楚到底是怎么回事。美国政府和塔利班的那些战士互相之间完全无法对话，他们每个人眼里的世界完全失真，甚至已经断送了再对话的可能性。这会导致什么结果？也许仅仅因为一个人的精神状态不稳定，他对世界的理解和周边人不一样，而周边人也无法探测他的精神世界，这样一个人就会引发巨大的危机事件。

2015年3月，欧洲发生了一场空难。有一个德国飞行员，他只是飞机上的副驾驶，他趁着机长出去上厕所的时机，把飞机驾驶室的门给反锁了，然后驾驶着这架飞机一头撞到了山上，飞机上几百条人命全部给他做了陪葬。你说这个人为了什么？他在德国当飞行员，按说待遇应该是不错的，不可能是饥寒交迫、仇恨社会。后来人们发现，他是因为患了抑郁症，不想活了，所以带着其他人陪葬了。

整个现代社会就是这样一个协作系统，比如说我们坐飞机，只能假设那个封装起来的系统，就是航空公司已经把他们的飞行驾驶员的精神状态和健康状态全部了解了，而且已经处理好了，所以才放心地买票上飞机。连航空公司的人都没有办法确保这样的事情会发生，所以现在所有人类防范危机的手段，对这样的个体是毫无办法的。

中国有一个科幻小说家叫刘慈欣，他的作品叫《三体》。里面有一个特别天才的设想，外星人看着人类文明说，这个文明怎么可能有前途呢？因为人心隔肚皮嘛。而且，他们又形成了一个庞大的协作系统。换句话讲，只要科技发展到一定程度，任何一个人都可以掌握一个毁灭整个文明的手段。

如果人类已经掌握了一种技术，可以把粒子加速到光速，任何一个人在自己家的后院，拿着一把光速枪，发射一个石子打到月亮上，太阳系就爆炸了，整个人类文明就毁灭了。换句话讲，任何一个人的危机可能就是整个系统的危机。这就是王东岳先生讲的系统性的存在度下降。

再举一个例子，现在很多基因生物的实验室里，都在制备大自然中从来没有出现过的单细胞生物细菌。虽然它们绝大部分是无害的，但是万一出现一个全人类对它都没有免疫力的单细胞的细菌，怎么办？因为它在大自然中本来就不存在，所以我们的免疫系统还没有进化出对抗它的能力。如果科学家们在洗烧瓶、洗试管的时候，不小心把这个细菌冲到下水道里，很可能一夜之间全世界的人都要完蛋。

我们看到这个文明是繁花似锦、烈火烹油，而危机一旦爆发，也许一个瞬间就会全部完蛋。所以，王东岳先生反复讲："我虽然预测到了这个趋势，但是我并不知道人类文明最终是怎么崩溃的。我只知道随时有可能崩溃，因为分化、残化、嫦和的这个系统太不稳定了。"

这对我们当下的生存有什么用?

你还会觉得理性乐观派和《物演通论》递弱代偿这两套思维方式是矛盾的吗？我的观点正好相反，我觉得理性乐观派恰恰被《物演通论》所证明，它指引的人类文明的发展方向才是对的。

为什么这么讲？我们来看，理性乐观派持有的基本观点是什么？就是我们固然要承认人类当下面对着一系列的系统性危机，环境污染、资源不够用等，难道我们要扼制经济发展，脱光衣服回到原始森林吗？不可能，我们只能硬着头皮往前走，推动经济发展，一方面搞出各种环保节能技术，一方面摆脱对石油、煤炭这些能源的依赖。

当然，《物演通论》的作者王东岳先生会说我们搞出来的核能、太阳能，潜伏着更大的危机，这叫饮鸩止渴。如果你明明知道这是毒品，可是现在不喝眼下就得死，喝了5分钟之后死，请问你喝还是不喝？只能喝。

我们中国人有一种智慧，叫“事缓则圆”，就是反正当下没有解决方案，就拖一段时间，没准儿就有解决方案了。《物演通论》恰恰告诉我们，顺应138亿年宇宙演化的总趋势往前走，这是一种宿命，也是我们当下唯一的选择。

这段话算是理性乐观派和《物演通论》这两套体系之间并不矛盾的解释，接下来我们要回答第二个问题。很多中国人都是实用主义者，说：“你所说的这套哲学对我当下的生存有什么用？”接下来，我就告诉大家，有什么用。

我先花点时间解释一下，我和王东岳先生之间的观点分歧。在王先生看来，虽然宇宙演化的总规律如此，但是我们人类作为一个物种整体，总该力求自己的存在吧？既然明知道前面是万丈深渊，所以我们当下之计，一方面要降低我们的代偿度，一方面要延缓存在度的下跌，扼制我们发现经济和技术的冲动，回到一个相对均衡的状态，让那个最终的无法避免的结局迟一点出现。

但是这个观点我不能接受，我不能接受的原因也来自他这套理论，主要有三个原因。

原因一：总规律不可逆

第一，总规律不可逆。因为《物演通论》递弱代偿这套原理最让我们脑洞大开的部分，就是对于发展这件事情，它把因果关系的解释给颠倒了。原来我们总以为是因为我们要发展经济，所以把地球搞得一团糟，那你不发展不就可以了吗？

但是，《物演通论》告诉我们，我们是因为要解决当下的问题，存在度总体在下跌，所以我们不得不通过代偿性的方法来弥补。发展经济、发展技术，是我们不得已而为之的事情，我们人类在这条路上，实际上是做了过河卒子，不得不拼命向前。

给你举个例子，如果我们今天拒绝使用化纤的衣物，那就意味着什么？全世界绝大部分人是要光屁股的，因为地球上出产的棉花不足以给我们制造那么多衣物。再比如说，如果我们降低，哪怕不用降低，就是减缓对于石油的依赖，那就意味着经济大停顿，大量的人要回家饿肚子。所以，为了减缓这个问题，我们不得不发展其他也许更加危险的能源，这叫没办法，总规律不可逆嘛。

原因二：人性不可违

第二个原因就是人性不可违。我们人类文明是什么？就是一个维护我们存在的系统，而这个系统就在这个总规律当中，所以我们发展出来的很多基本价值观，比如说对于真善美的追求，比如说我们的契约伦理，我们的政治正义，我们的经济公平，所有这套东西，如果大家去看王东岳先生的书，他都有一个解释，这都是递弱代偿总规律的东西。

如果今天我们突然意识到向后转吧，但是我们不这样做，意味着什么？意味着我们要放弃自己的总文明成果。我们就不能用更多的善意，我们释放善意为什么？就是跟他人更多的协作。而这种协作分工在王东岳先生看来，就是分化和残化，然后再媾和，变成一个更加脆弱的结构。那难不成我们向后转？我们不想他人释放善意，我们不要跟他人有更好的协作，我们不要那个法律的契约体系？怎么可能？这种逆人性的事情，即使它在道理这个层面成立，在实践这个层面，它不可能落地，所以说也是白说。这是第二个理由，但是这还不是我想说的。

原因三：分工总趋势不会逆转

我想说的是第三个原因，即使王东岳先生这套理论被多数人接受了，但结果一定不是他想象的那样，全人类恍然大悟：原来前面是悬崖峭壁，我们得赶紧悬崖勒马，调转马头。不会的，一定是全人类中最聪明的那帮人，也就是商人，利用这些被揭示出来的规律，继续加大油门往前冲。

所以，王东岳先生最好的命运，也就是爱因斯坦那样，你搞出来的理论贡献非常伟大，这是人类认知世界中重要的里程碑。但是，你毕竟揭示了核能的存在，所以你后半辈子做演说、写文章，反对战争、要和平，反对核大战，有什么用？这个魔鬼是你亲手从瓶子里放出来的，即使千呼万唤，你也收不回去了。

商人在干什么？在做大量的冒险，而冒险的前提就是前途一片黑暗，搞不清楚整个演化趋势是什么，所以才会有所谓的商业风险。对商人来讲，哪怕对趋势的判断是极其模糊的，也是极其重要的。马云在2016年年初讲过一段话：“很多企业家最近老在谈，什么宏观经济是好是坏，这跟你的企业有什么关系？难道宏观经济坏，你的企业就一定坏吗？恰恰相反，这是两个维度的现象，宏观经济坏，你的企业只要调整策略，在坏的宏观经济下，也可以做出很好的成绩。”

即使《物演通论》揭示了人类的命运是一脉向下的，但是阶段性地出现赢家、出现胜利者、出现个体企业阶段性的存在度的提高，这还是有可能的。所以，王东岳先生揭示出来的规律恰恰会被他们利用。而被他们利用之后，会推动整个人类代偿度的提高、存在度的下降。

我们中国人有一句话：“夜半想来千条路，早起还得磨豆腐。”那些企业家、商人即使认知到我们在把人类往危亡的处境推，但是如果他观察到有个趋势他可以在商业上利用，他会不利用吗？就像我们普通人，明知道带孩子出去搞自驾游是会破坏环境的，是对地球不负责任的行为，但是如果今天孩子高兴，我们会不去吗？这是两个维度的现象。

所以接下来，我们就要降低一个维度，再不扯什么138亿年了，我们回到人类当前遇到的商业环境的演化，来看看这套理论给了我们什么样的启发。

宇宙138亿年一系演化，我们现在的商业环境也符合这个规律。总规律是什么？递弱代偿，逐渐地分化、残化再媾和，形成全新结构的过程。这就告诉我们，经济学所揭示的分工总趋势不会逆转。

基于这样一个判断，接下来就给大家做一系列的商业推演。说实话，我这一年来读《物演通论》不是想搞哲学，而是在启发我对商业的思考，我是从这个理论中不断验证自己对商业趋势的判断。下面，我给大家做七点推论。

推论一：社群经济不可避免

第一点推论是，社群经济不可避免。社群经济和此前的工业经济在前提上都不一样，工业经济总有一个假设，就是任何一个企业搞出产品和服务后，应该卖到全世界每一个角落，恨不得全世界的人都是它的用户。企业的规模应该无限地成长下去。之所以当下还做不到，是因为方法不对、学艺不精、努力不够导致的。

而社群经济不是这个思路，它是主动地只做一部分人的生意，企业和用户、客户之间的关系是一种伙伴关系、社群关系，是靠价值观和气味相投协同起来的，前提就不一样。前提不一样，就导致商业上的操作手法也不一样。

黄太吉的创始人赫畅跟我讲过一个道理，他说："我们做餐饮的，总会遇到一些胡搅蛮缠的客人。如果按照过去的观念，客人就是上帝，我们应该点头哈腰地服务，打不还手，骂不还口。但是你想想看，站在社群经济的角度下，这对那些支持你的、不刁难你的客人，是不是就不公平？所以，对这部分胡搅蛮缠的客人，对不起，他们的生意我干脆不做了。"

有一个淘宝店店主跟我讲过一个类似的例子。他说原来要求客服人员什么样胡搅蛮缠的客人都要尽力去应付，但是现在他告诉客服人员："这样的人你得罪了，我一点都不怪你，因为在我的企业的发展过程中，我只能和信任我、喜欢我的用户协同前进。这样的用户是不可能跟我们走的，得罪就得罪了吧。”

这不是叫没志气吗？没办法，因为按照《物演通论》的说法，世界是分化的，我们不可能让所有人都喜欢我们，所有人都认同我们，这一点在演化的总趋势上是不可能的。在商业上你就死了这条心吧，一定要想其他的方法让企业去成长。

推论二：中间环节不可去掉

第二点推论，既然分工和分化的总趋势不可逆，那么商业分工中某些特定环节的价值，只可能上升，不可能下降。

举个例子，中国有些媒体经常喊一个主张，就是农超对接。有时候，农民种出了蔬菜，贱价都卖不掉，只能烂在地里，白白遭受损失。城里人在超市里买蔬菜的价格非常高，而超市又说自己没挣到钱。想来想去坏人是谁呢？一定是那些中间环节的批发商，所以把中间环节干掉，让超市直接对接农民。这样农民的菜价可以卖得高，农民能挣到钱，而超市可以低价把蔬菜卖给更多城里人。这个方案多好啊。

可是，媒体没有想一想，这些菜总得从田间地头跑到超市里吧？这个环节谁来做呢？难道把这个活交给并不专业的超市或者农民干吗？一定会导致成本上升，效率更低。所以，正确的解决方案一定是在现有的分化结构中，让中间环节优化他的商业能力，而不是把中间环节干掉。

十几年前，我听人说过一个道理：随着互联网的发展，以后企业可以直接面对自己的用户，不再需要分销商和经销商。所以有一阵子，很多汽车公司的分销商就非常紧张，老想着转型，老觉得这个活干不下去了。但是，十几年后的今天，汽车经销商照样在发家致富，而且这个环节越长越大。什么原因呢？还是这个原因，分工是一个铁定的规则，是一个不可逆的趋势。你以为企业傻吗？用一个很低的成本价把东西卖给经销商，经销商加一个很高的中间价再卖出去。你以为这个钱是白挣的？经销商一定干了大量的活，而且是企业干不了的活，才有本事把钱挣走。你如果觉得这个差价太大，可以通过其他技术手段去优化，但是不可能去掉这个分工的价值环节。

现在，很多创业公司一旦融资成功之后，账上有的是钱，请问怎么安排这笔资源呢？是继续维持自己核心能力的增长，还是做更多的事，获得更多的利润呢？

按照《物演通论》递弱代偿的原理，一个企业在分化的总趋势中，要力争成为越来越多的企业的依存条件，而这个企业也要获取更多的依存条件才能够成功。所以，只做一件事，把它做好、做绝，“一针顶破天”，这才是未来个人和企业的成长方向。

推论三："共享经济"中的某些结论并不成立

我的第三点推论是，"共享经济"中的某些结论并不成立。请注意之所以说是某些结论，是因为共享经济有一层含义，就是把自己多余的物质性产品，比如车、房拿出来和他人共享。这当然成立，这一定会提升人类经济的总效率。但是有一个问题，人的闲暇时间是不是可以拿出来共享？这个问题就要存疑了。

因为按照递弱代偿的原理，人类社会演进的总趋势是，每一个人都承担一项功能，这是不断分化和残化的过程。如果普遍存在一种叫"跨界打劫"或者兼职的状态，而且长期存续，这跟王东岳先生的判断就相反。哪个对呢？

比如，我有一些朋友在共享经济领域创业，就经常跟我畅想：一个男人白天工作，晚上用私家车接几趟活儿来补贴一下家用；一个老太太白天在家做家务，中午做上几十份盒饭在邻里之间卖一卖，挣一些零花钱；一个小姑娘白天上班，晚上回家烘焙一些饼干在网上卖一卖。这就是共享经济的一个结果，每个人收入会更高，而自己的时间变得更加零碎，社会角色更加丰富。

但是，我琢磨完《物演通论》之后，觉得这个问题可能不能这么考虑，虽然我们看到的现象是这样的，但是也许它是一个阶段性的现象。共享经济把社会分工中很多人给撬了出来，进入一种全新的分工状态。我们现在看到的大量的兼职，其实是一个过渡的形态。一个老太太如果做饭特别好吃，她的体力和能力都做得到的话，请放心，她将来一定会演化成专门给邻里做饭的盒饭供应商，而不是兼职的状态。

那些刚开始热衷于开Uber的人，感觉晚上下班后跟乘客聊一聊很爽，放心，他坚持不了多久。我身边很多朋友都是这样，刚开始新鲜了几回之后，渐渐就烦了。再比如，烘焙饼干的，我身边也有这样的小姑娘，干了几次之后，因为天天要发货，天天要在淘宝上跟人讨价还价，很快兴趣就丧失了。

所以，我经常建议那些在共享经济里创业的朋友，千万不能沉迷或者满足于你的平台上的大量供应商都处于兼职的状态，那是一个不稳定的、不可持续的状态。你应该用一切资源尽快地把他们从原有的社会分工中抠出来，让他们进入一个全新的、更细的社会分工。应该利用他们对新世界的好奇心，尽快帮助他们完成这个转化，因为这才是演化的最终稳定状态。

推论四：未来的企业竞争将以群团化的状态进行

我的第四点推论是，企业和企业之间也会形成这种分化、残化再媾和的过程，未来的企业竞争是以群团化的状态进行的。现在，管理学界已经有人提出来，未来的企业不和企业竞争，而是这个产业链条和其他产业链条之间的竞争，这和我表述的是同一个意思。

王东岳先生在他的课程中讲过一个判断，他说，什么叫生理？生理是病理的自体系化过程。这句话的意思是说，生物的细胞在不断地残化和激变，形成了一个病理状态，但是这个病理如果和其他的病理能够互相支撑，形成一个体系，这就叫生理。

给大家举一个例子，在生物的演化史上出现过一种腔肠动物。就是动物把自己的身体卷成一个管，让海水从中通过，这就是最原始的肠管。在海水营养比较丰富的时候当然没有问题，但是一旦这种生物大量繁殖，对环境产生压力的时候，它就必须更精确地吸取周边的能量。

所以，围绕着这根原始的肠管，那些细胞就开始残化和激变，形成了一些病理。比如，出现了肝脏细胞，作为身体的化工厂；形成了胆囊细胞，来消化大分子的脂肪；形成了胰脏细胞，来分泌蛋白酶，来消化蛋白质。就这样，围绕肠管就出现了消化系统。一直到人类这么高级的动物，也有胆囊、肝脏、胰脏，这就是一个一个残化的细胞互相之间构成了一个系统，然后彼此支撑。

企业的演化会不会也有这个规律？我曾经跟混沌研习社的创办者，也是我在中欧创业营的老师李善友教授商量，《罗辑思维》和混沌研习社能不能形成这种代偿性的互补，然后形成一个企业群团呢？然后，我们就对外发布，我们两家互为唯一战略合作伙伴。就是说，《罗辑思维》从此不开发自己的商业课程了，也不跟其他公司合作，只跟混沌研习社合作。而混沌研习社的课程，也只通过《罗辑思维》对外进行销售。

这是什么？就是自废武功，我们《罗辑思维》放弃了一部分能力，把自己残化，混沌研习社也这么做。结果是什么？结果就是混沌研习社实质上成为《罗辑思维》的一个内容生产车间。从反面来看，《罗辑思维》成了混沌研习社的市场营销部门，我们都残化，然后互相之间再媾和，形成了一个企业群团。

我们其实是想做一个实验：我们在市场上找到一个更强的对手，互相之间组合，以提高自己的代偿能力，获得更高的竞争度。这个实验到底能不能成功我们也不知道，只是想做这样一个趋势性的示范。

推论五：新的商机已经到来

第五个推论是，每当商业进行一次分化和残化之后，就一定会出现一个强烈的再媾和的冲动。这就像人分成男女之后，寻找爱情的动力比什么动力都大。谁能够把握分化之后再媾和的这个冲动，就一定能推动新的产业类型的诞生，这就是商机。

比如，我们《罗辑思维》其实就诞生于这个商机之中。我在任何知识领域都不算专业，我学的是媒体，但是我干了一件专业的事情，就是用口头表达来转述知识，当知识的搬运工。

所以，我一听到别人喊我罗老师，就会对他说："别叫老师，我真不是老师。"这不是谦虚，我跟那些服务业从业者，比如美甲的、按摩捏腿的，干的是一样的活，都是提供给你们所需要的一种服务。你们的时间越来越少，没有工夫去读书，那么这件事包在我身上。我读完之后，会尽其所能讲给你们听，以完成你们跟世界知识万物之间再嫦和的过程。这也符合《物演通论》讲的内容，万物要提高自己的代偿度，就得不断地提高自己对世界的感应能力。我就是帮助你们提高这个感应能力的，让你们用轻松的方法、更短的时间，可以和其他事物之间相感应。这不就是新的商机、新的产业类型吗？

推论六：想要做大、做强，就要与更强的企业进行合作

第六条和第七条推论没有办法展开了，简单跟大家交代一下思路。第六条推论是，如果你的企业要追逐做大、做强，就不能局限于和自己体系内的要素进行合作，就必须满市场去寻找那种更强的个体、更强的企业进行合作。这也是一个分化、残化再嫦和的过程，它必然会带来一个副作用：你新形成的那个嫦和的结构是极端不稳定的。所以，你在组织样式上就必须追逐飞速的进化，去适应这种不稳定性。

比如，谷歌一直强调自己的企业文化是“要找世界上最牛的人来合作”，所以这家企业极其重视招聘。但是与此同时，它就不能注重管理了，什么稳定性、令行禁止以及一大套规章制度，就不能追逐了。它要允许企业处于一种变动的、混沌的管理状态，这就是一种组织的进化。

推论七：越小而美，就越稳定

第七条推论是，如果你要追逐长期稳定，那在分化上一定要退缩，退回到哪怕是夫妻店，甚至是一个匠人的状态。这样就不分化了，就能更加稳定了。

这就是为什么马云认为，在淘宝和天猫的体系中会出现那种小而美的商业。越小而美，就越稳定，这也符合递弱代偿的原理。

七条推论简单介绍完了，你可能会说：“所有基础都是建立在你认同王东岳的这套理论的体系上的，我要是不认同，怎么办呢？他这一套在我看来就是歪理邪说。”

其实，所有理论何尝都是真理呢？比如《易经》，也许你根本就不相信什么推卦算命，但是《易经》真正的作用是什么？不是告诉你未来会发生什么。一个有理智的人经常会遇到一种情况：要不要做这件事情，我拿不定主意，于是去卜一卦。卜卦的结果只是帮你拿定主意而已。

王东岳先生这套理论，不管你接受还是不接受，它都不可能是终极真理。它对我们这一代思考商业的人有一个重要的用处，就是从远方、从前面透射出一种微茫的趋势。我们借用对这个趋势的判断，再回到我们的内心，把我们的判断拿出来和它彼此验证。如果正好碰上了，就可以提高自己的决断力和执行力，勇敢地往下做。最终的结果仍然由我们来承担，不可能怪到王东岳先生的头上。

所以过去一年多，我读《物演通论》和《知鱼之乐》这两本书，我哪里是在读哲学，其实读的是两本商业著作。